Sistemas dinámicos en tiempo continuo: Modelado y simulación

Manuel Benjamín Ortiz Moctezuma

Sistemas dinámicos en tiempo continuo: Modelado y simulación

Autor:

Manuel Benjamín Ortiz Moctezuma

Universidad Politécnica de Victoria, México

ISBN: 978-84-944673-2-5

DOI: http://dx.doi.org/10.3926/oss.25

Índice general

Índice de figuras

Prefacio

En un sueño, es típico no ser racional[1]

–John Nash

Esta obra inició como recopilación de las notas del curso de Modelado y Simulación de Sistemas Físicos, impartido a estudiantes de segundo año de la carrera de Ingeniería Mecatrónica a nivel licenciatura, a lo largo de sucesivos periodos cuatrimestrales. Su énfasis principal es servir como preliminar a las materias de Ingeniería de Control, Control Digital, Cinemática y Dinámica de Robots, así como Control Inteligente, al proporcionar medios conceptuales y analíticos que permitan a los estudiantes desarrollar modelos matemáticos que permitan diseñar sistemas de control. La necesidad de un texto como este fue haciéndose evidente ante el hecho de que, en la actualidad, los textos de control automático, si bien contienen abundante material referente a las técnicas de obtención de modelos matemáticos, no se les da el énfasis que por sí mismo requiere esta actividad y los ejemplos suelen introducirse dando por sentado que el lector conoce el contexto en el cual operan, o no se pone énfasis suficiente en la secuencia de pasos que, en una primera exposición a la materia, es necesario explicar detalladamente.

Alcance

El presente trabajo constituye material de apoyo para estudiantes de nivel licenciatura que desean cursar satisfactoriamente materias del área de control, así como para estudiantes de posgrado que, no habiendo llevado cursos formales de modelado, tengan la necesidad de llevar a cabo modelos de sistemas físicos comúnmente empleados como ilustración de los conceptos y en aplicaciones comunes. Para acometer la lectura de este libro el primer requisito es tener interés en el área; para poder dominar el contenido se requiere el conocimiento de las operaciones básicas del cálculo diferencial e integral, cálculo vectorial y la capacidad de comprender el procedimiento de solución de las ecuaciones diferenciales ordinarias lineales. Por otra parte, resulta bastante recomendable la habilidad para comprender y resolver problemas de Física Clásica: problemas de equilibrio, cinemática y cinética en el plano, leyes eléctricas elementales, en particular las leyes básicas de los circuitos.

Se ha procurado incluir material sobre software de simulación disponible de manera libre, accesible para quien cuente con una conexión de internet, no obstante lo cual, se ha

---

[1] John Forbes Nash Jr. (1928-2015). Matemático estadounidense que recibió el premio Nobel de Economía en 1994 por sus contribuciones a la teoría de juegos y la negociación entre agentes racionales. Conocido por haber logrado sobreponerse a una grave e incapacitante enfermedad mental, falleció en un accidente automovilístico.

procurado que el material que trata acerca de la simulación por medio de `scilab`, `xcos` y `modelica` y `coselica` se localice de manera independiente. Esta decisión se debe al hecho de que, a diferencia de los principios físicos y las técnicas matemáticas empleadas en el texto, los programas de computadora están sujetos a cambios en periodos breves.

Estructura del texto

El contenido del texto se ha dividido en siete capítulos principales, así como tres apéndices que versan sobre contenido matemático preliminar. El capítulo 1 contiene una serie de conceptos donde se explica la necesidad del modelado, se indica la noción de sistema y se enlistan distintas clasificaciones de los sistemas, de acuerdo a distintos puntos de vista. El capítulo 2 contiene algunos preliminares del contenido principal que no suelen formar parte de cursos previos. El material matemático de mayor dificultad se ha trasladado a los apéndices, para no dificultar la fluidez de la lectura. El capítulo 3, el más extenso, contiene una exposición sobre la obtención de modelos de sistemas mecánicos traslacionales, mecánicos rotacionales, circuitos eléctricos lineales con componentes pasivos y activos, así como sistemas electromecánicos de interés. El capítulo 4 describe el concepto y los detalles de la función de transferencia. Se introduce el concepto de polos y ceros, así como la función de transferencia multivariable. El capítulo 5 contiene una introducción a los conceptos y técnicas de los modelos en variables de estados. Se indica la manera de obtener un modelo en variables de estado a partir de las ecuaciones dinámicas del sistema, a partir de una función de transferencia y se discute brevemente la linealización. El capítulo 6 trata detalladamente acerca de la respuesta de sistemas lineales en régimen transitorio. La calidad de la respuesta transitoria es una de las tres principales características que se busca modificar con la implementación de sistemas de control convencionales. El uso del software empleado para elaborar las gráficas y recomendado para la realización de muchos ejercicios se expone en el capítulo 7. A pesar de que `scilab` se emplea en capítulos previos, se ha preferido dejar al último capítulo la explicación sobre el uso de este software, dado que el constante avance en el desarrollo de los programas informáticos tiende a volver obsoletos los lenguajes de programación. El apéndice A trata sobre los número complejos y detalla algunas identidades que resulta útil conocer en los capítulos sobre funciones de transferencia, variables de estado y respuesta transitoria. El apéndice B describe el uso de matrices, las cuales son utilizadas extensivamente en el modelado en variables de estado. El apéndice C trata de la transformada de Laplace, e incluye, como referencia rápida, una tabla al final.

Obras de contenido similar

Los temas de este texto han sido sistemáticamente tratados por lo menos a partir de los años 50's del siglo XX. Todos los textos que versan sobre ingeniería de control cuentan con un capíulo o apartado dedicado al modelado. Dentro de todas las obras con temática similar nombraré, sin fines de comparación, tres de ellas que permitan ampliar el panorama. El texto de Ogata [Ogata, 1987] constituye una obra de referencia obligada, incluso a pesar del hecho de que muchos de los sistemas ahí tratados son ejemplos que ya no resultan

tan novedosos, a diferencia del conocido texto de control [Ogata, 2010]. El libro de Palm [Palm, 2000] se caracteriza por su extensión y cuidadosa cobertura de ejercicios. El texto que considero más cercano es [Woods and Lawrence, 1997], aún cuando abarca una mayor variedad de temas de un volumen bastante accesible. Los dos últimos textos tienen un par de características cruciales: carecen de una versión en lengua española y efectúan los ejemplos numéricos a través de MATLAB©. [2] En contraste, como parte del presente trabajo me he propuesto el empleo del *software* libre, añadiendo, en el proceso, otra característica clave: ejemplos de simulación bajo el enfoque orientado a objetos, utilizando para ello `xcos` y `coselica` [3] .

Agradecimientos

Dedico esta obra a mi familia, que soportó estoicamente cada minuto y cada tarde de ausencia. Por las fechas en las cuales surgió la idea de este proyecto, recibí la noticia del fallecimiento del Dr. Arkady V. Kryazhimskii (1949-2014), miembro del Instituto Steklov de la Academia Rusa de Ciencias, con extraordinarias dotes diplomáticas quien, como líder del programa *Dynamic Systems* (DYN) de IIASA y supervisor de mi estancia postdoctoral, jamás dejó de manifestar su apoyo a las iniciativas de investigadores más jóvenes y menos experimentados. En esta publicación tiene mucho que ver la inspiración que, a lo largo de los años, me ha brindado Dr. Vladimir Kharitonov, asesor de tesis doctoral, con quien tuve la fortuna de coincidir durante cuatro de sus once años de estancia en el CINVESTAV México. No podría quedar fuera el Dr. Jorge Antonio Torres Muñoz, también asesor de mi tesis, por sus oportunos consejos respecto a la vida académica. A los compañeros, alumnos y autoridades de la Universidad Politécnica de Victoria, por haber propiciado el ambiente que dio pie a la creación de este trabajo, y quiero remarcar que han sido los estudiantes de licenciatura y maestría quienes, generación tras generación, han proporcionado puntos de referencia acerca de las necesidades que debería subsanar un texto con la temática que se desarrolla en estas páginas. Un agradecimiento especial al Dr. Manuel Jiménez Lizárraga, de la Universidad Autónoma de Nuevo León, por haber efectuado una revisión minuciosa del borrador de este libro, y las consecuentes sugerencias. También quiero mencionar a mi colega y amigo el Dr. Ruben Lagunas Jimenez por su constante impulso y visión sobre la formación integral de numerosas generaciones de ingenieros e investigadores, así como al Dr. Ernesto Castellanos Velasco. A todos los colegas y amigos que indirectamente tuvieron un papel en el camino que transita por esta publicación y cuyo nombre no aparece. Finalmente, pero no menos importante agradezco al paciente equipo de la editorial por permitir la culminación de esta obra. No está de más hacer notorio que cualquier error u omisión es completa responsabilidad del autor.

El autor
Ciudad Victoria, Tamaulipas, México. Diciembre de 2015.

---

[2]MATLAB©y SIMULINK©son marcas de software propietario de *Mathworks*^{TM}

[3]`Scilab xcos` y `coselica` son programas de *software* desarrollados por *Scilab Enterprises*^{TM}, bajo la licencia CeCILL, compatible con la GNU *General Public License*.

Capítulo 1

Principios de modelado

The best material model of a cat is another, or preferably the same, cat[1]
−Arturo Rosenblueth y Norbert Wiener

There's no sense in being precise when you don't even know what you're talking about [2]
−John von Neumann

1.1 Necesidad del modelado

La actividad de elaborar modelos ocurre en una gran variedad de contextos: los desarrolladores de prototipos tienen la necesidad de elaborar maquetas para mostrar los resultados esperados a sus potenciales clientes y patrocinadores, los ingenieros aeronáuticos, al igual que los diseñadores de automóviles, con frecuencia se ven en la necesidad de realizar pruebas en túneles de viento utilizando modelos a escala. En una escala distinta, los realizadores de proyectos de ingeniería para empresas pequeñas y medianas se han visto beneficiados por la disponibilidad de herramientas computacionales que permiten recrear el movimiento de piezas y ensamblajes de maquinaria, aún antes de haber sido construidas, también es posible establecer conclusiones con respecto a la idoneidad de un circuito previamente a su ensamblaje, considerando en primer lugar su funcionamiento aislado, posteriormente sus interacciones con otros componentes, las cuales pueden ser eléctricas, mecánicas, térmicas, etc. Un circuito o componente que muestre un buen funcionamiento *per se*, de forma aislada, puede sufrir o causar interferencias cuando se le acopla con los restantes componentes del sistema. Parte de esos efectos se pueden prever por medio de la simulación. La simulación es una actividad que puede considerarse como un experimento efectuado sobre el modelo con ayuda de una computadora digital, en contraste con los experimentos físicos, los cuales se realizan directamente sobre el sistema con ayuda de transductores. El objetivo de los

---

[1] Arturo Rosenblueth (1900-1970), médico y fisiólogo mexicano, nacido en estado de Chihuahua, científico fundador del Centro de Investigación y de Estudios Avanzados del Instituto Politécnico Nacional (CINVESTAV, 1961). Norbert Wiener (1894-1964), matemático estadounidense es conocido como el padre de la cibernética.

[2] John von Neumann (1903-1957), matemático estadounidense, nacido en Budapest, hoy Hungría, cuando esta ciudad formaba parte del Imperio Austrohúngaro.

modelos explicados a lo largo de este texto es el diseño de sistemas de control automático
y la clase de modelos corresponde a sistemas determinísticos de parámetros concentrados,
principalmente lineales invariantes en el tiempo; representando sistemas físicos de diversa
índole.

1.2 Conceptos básicos sobre sistemas

1.2.1 Sistemas, subsistemas y componentes

Un sistema es una porción del universo claramente identificada que consta de elementos
que interactúan entre sí. Puede tratarse de un volumen definido en el espacio, puede ser
una masa de aire que cambia de volumen y de ubicación, puede tratarse de una roca, de un
automóvil, de un circuito eléctrico, de una computadora, de un sistema de aire acondicio-
nado, etc., la lista es bastante larga. Sea cual sea el sistema que se desea analizar, siempre
es importante identificar sus características y su funcionamiento. Claro que el énfasis en
explicar y/o comprender determinadas características dependerá de las intenciones con las
cuales se lleva a cabo el modelado, de la información con la que se cuente y de los resultados esperados en la elaboración de los modelos. Sin embargo, a pesar de esa variedad
de objetivos, existe una serie de elementos que es indispensable identificar para elaborar
satisfactoriamente los modelos de sistemas físicos que resultan de interés en la práctica de
la ingeniería. Un subsistema es una porción de un sistema que se puede distinguir como
tal. Un componente es un elemento de un sistema que se encuentra en el menor nivel en
la jerarquía de sistemas. El determinar que una porción del universo es un sistema o un
subsistema es una cuestión de conveniencia, pero no es completamente arbitraria: depende
del propósito con el cual se elabore el modelo. Por ejemplo, todos los sistemas pueden
considerarse subsistemas del universo, pero esa consideración no resulta información útil
para la mayoría de los modelos, a menos que su objetivo sea explicar el comportamiento
del universo.

1.2.2 Cantidades relevantes e irrelevantes

Una vez identificado el sistema de interés es necesario, aunque muchas veces este paso se
lleva a cabo de forma implícita e inconsciente, discernir, para los fines de nuestro modelo,
qué efectos nos interesa analizar. Hay cantidades que no producen ningún efecto y al mismo tiempo no nos proporcionan ninguna información acerca del sistema, y por ello no es
necesario considerarlas. Aún mas, el hecho de incluirlas solamente añadiría complicaciones
innecesarias, así que, por ser irrelevantes en el análisis de nuestro fenómeno, se les considera despreciables. Consideremos el caso de un circuito compuesto de una resistencia y un
capacitor conectados en serie. Se trata de un par de componentes que pueden encontrarse
como subsistema de una inmensa variedad de dispositivos eléctricos y electrónicos. La corriente que pasa a través de ambos elementos, así como la carga almacenada en el capacitor
son cantidades de relevantes y se les estudia con atención, mientras que fenómenos tales
como la radiación de rayos cósmicos y la humedad relativa del ambiente, a pesar de afectar
físicamente a ambos componentes, tienen un efecto tan reducido que, para todos los efectos
prácticos, son irrelevantes.

Hay sin embargo, otra clase de cantidades que guardan una relación estrecha con el aspecto del sistema que se busca analizar, cantidades que son relevantes porque caen en una o ambas categorías:

- Afectan al sistema.

- Conocerlas proporciona información acerca del sistema.

Las variables relevantes se pueden clasificar en alguna de las siguientes modalidades:

1. ENTRADAS DE CONTROL. Son cantidades de origen externo al sistema que afectan su funcionamiento, siempre se pueden manejar a voluntad.

2. PERTURBACIONES. Se trata de otra clase de entradas que afectan de una manera no deseada, o no prevista al funcionamiento del sistema y cuya existencia y/o fluctuación escapa a la capacidad de manejarlas. Puede tratarse, por ejemplo, del ruido, de intervenciones malintencionadas, etc. En el caso del circuito, el accionamiento de un motor eléctrico en las cercanías puede afectar ostensiblemente y de manera desfavorable al funcionamiento de todos los componentes debido a la inducción electromagnética.

3. ESTADOS. Son cantidades que se originan dentro del sistema y permiten describir su evolución dinámica en el transcurso del tiempo.

4. SALIDAS. Son cantidades de origen interno y que se manifiestan o se pueden detectar al exterior del sistema, ya sea a través de los sentidos o por medio de dispositivos sensores.

5. PARÁMETROS. Son cantidades que caracterizan propiedades del sistema. En muchas aplicaciones se les considera constantes, aún cuando en realidad muchos de ellos pueden variar en el transcurso del tiempo.

1.3 Clasificaciones de los sistemas

Los sistemas pueden clasificarse de acuerdo con las características clave de interés. También ocurre con bastante frecuencia que un mismo sistema se clasifique dentro de una categoría particular de acuerdo con el objetivo con el cual se elabora un modelo, pero que se le incluya en una categoría distinta cuando se requiere elaborar un modelo que responda a distintas necesidades. Por ejemplo, un modelo elaborado para describir la respuesta de un edificio durante un movimiento sísmico será distinto del modelo destinado a justificar el diseño de un pararrayos.

1.3.1   Sistemas lineales y no lineales

La relación entre la entrada y la salida puede tener una característica muy importante que permita realizar de manera efectiva el análisis del comportamiento de los sistemas.

Sistemas lineales

Supongamos que se conoce la relación entre la entrada u y la salida y, de un sistema indicándola por medio de la relación $y = F(u)$. Se dice que un sistema es lineal si cumple con dos características:

L1 Proporcionalidad.

L2 Superposición.

Las propiedades L1 y L2 se ilustran en la figura 1 $a)$, $b)$ $c)$ y $d)$. En realidad, cuando consideramos que un sistema es lineal, lo es sólo dentro de un rango de valores limitado, pero suficientemente extendido como para que la desviación con respecto de la linealidad no afecte sensiblemente a los resultados. La noción de linealidad es fundamental en la calibración de los instrumentos de medición y aún así, se admite que existe cierta distorsión cuando la variable por medir toma valores cerca de los valores extremos de la escala y por lo tanto se desaconseja confiar en las mediciones tomadas en dicho rango. La ley de Ohm describe la característica corriente-voltaje de un circuito de manera aproximada, pero con una desviación prácticamente imperceptible. La ley de Hooke, que indica que la fuerza necesaria para estirar un resorte es proporcional al estiramiento, se cumple solamente en un cierto rango de valores. Una consecuencia muy importante de la linealidad se da en el análisis de circuitos, ya que esa propiedad implica que si se aplica una función senoidal como entrada, se obtendrá como salida una función senoidal de la misma frecuencia, aunque con diferente amplitud y fase.

Sistemas no lineales

Los sistemas no lineales consituyen el resto de los sistemas que no son lineales. Sin embargo hay sistemas en los cuales la aproximación lineal es notoriamente inadecuada o bien puede dar lugar a ocultar por completo características relevantes. Un ejemplo lo podemos encontrar en la transmisión de movimiento de un piñón que mueve a un engrane. Si el piñón comienza por dar una vuelta en un sentido y enseguida da otra vuelta en sentido opuesto, la posición del engrane será idealmente la misma que la que tenía al inicio del movimiento. Pero debido a imperfecciones en la manufactura y en el montaje, existe una holgura en el acoplamiento de los dientes y por lo tanto el engrane estará ligeramente desplazado con respecto a su posición horizontal, a pesar del movimiento preciso del piñón. A este efecto debido a la holgura se le conoce como *backlash*. La histéresis, propiedad que consiste en que un material se conserva parcialmente magnetizado, aún cuando deja de estar bajo la influencia de un campo magnético, es otro ejemplo de no linealidad. En la figura 1 $f)$ se muestra un ejemplo de función no lineal, en contraste con la función lineal ilustrada en la figura 1 $e)$.

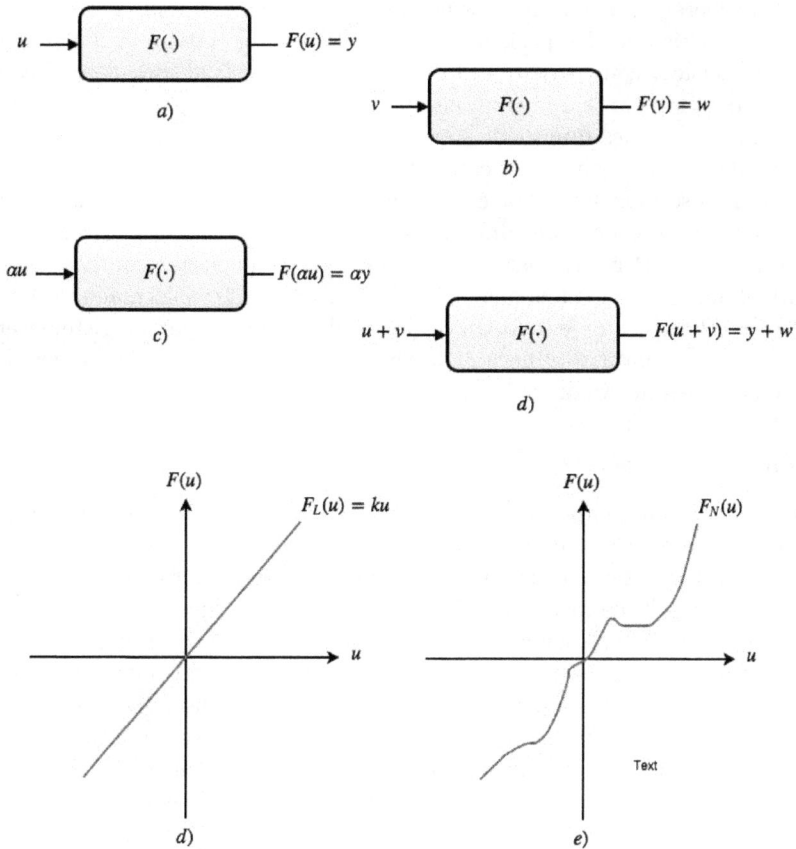

Figura 1: Relaciones de linealidad.

1.3.2   Sistemas dinámicos clasificados según la temporización

La noción de sistema dinámico tiene que ver con el hecho de que las variables que lo caracterizan experimentan cambios a lo largo del tiempo.

Sistemas en tiempo continuo

En este tipo de sistemas, los valores de las variables involucradas son funciones continuas del tiempo. En general, se acepta que los acontecimientos en el mundo real ocurren en una escala continua del tiempo. La posición de un objeto en el espacio según la descripción de la mecánica clásica, constituye un claro ejemplo de esta noción: una discontinuidad implicaría que, de un instante a otro un cuerpo aparezca en una posición distante, sin que sea posible hallar posiciones intermedias en el lapso de tiempo comprendido entre los dos instantes, lo cual resulta incompatible con la experiencia a nivel macroscópico. Los sistemas en tiempo continuo se modelan a través de ecuaciones diferenciales ordinarias, ecuaciones diferenciales parciales o ecuaciones diferenciales funcionales, en este texto sólo se tratará acerca del primer tipo. Por otra parte, una técnica que bajo ciertas condiciones simplifica enormemente el análisis de los fenómenos es el empleo de la transformada de Laplace. En la figura 2 *a*) se muestra un ejemplo típico de señal producida por un sistema en tiempo continuo: la gráfica es continua y para cada valor en el intervalo de tiempo en el que está definida la señal, existe un valor de la función.

Sistemas en tiempo discreto

La noción de sistemas en tiempo discreto cobra auge a raíz del empleo de las computadoras digitales, las cuales almacenan información, como señales de sensores, sonidos e imágenes, a intervalos discretos de tiempo, la capacidad del almacenamiento se encuentra limitada por la resolución y en última instancia, dicha resolución se traduce en dígitos significativos. Resulta entonces imposible, además de innecesario, almacenar las señales para *todos* los instantes de tiempo en un intervalo dado, sino que es necesario seleccionar el intervalo apropiado para efectuar esta labor. Los sistemas en tiempo discreto se representan por medio de ecuaciones en diferencias, usualmente, aunque no de manera exclusiva, se trata de expresiones obtenidas como aproximación de ecuaciones diferenciales. De manera análoga al empleo de la transformada de Laplace, una herramienta útil para una cierta clase de sistemas en tiempo discreto es el empleo de la *transformada Z*. En la figura 2 *b*) se muestra la gráfica de una señal muestreada o señal en tiempo discreto. Aún cuando sea el resultado de la medición de una cantidad en un sistema físico considerado en tiempo continuo, el hecho de considerar al procesador digital como una parte del sistema hace de todo el conjunto un sistema en tiempo continuo, ya que el almacenamiento y procesamiento de información se realizan a instantes discretos, determinados por el ciclo del reloj interno del microprocesador.

Sistemas a eventos discretos

Un sistema dinámico que solamente puede encontrarse en algún número finito (o infinito numerable) de situaciones o *estados*, entre los cuales la transición es abrupta, no gradual, se denomina sistema a eventos discretos. El ejemplo más simple es el estado de un interruptor

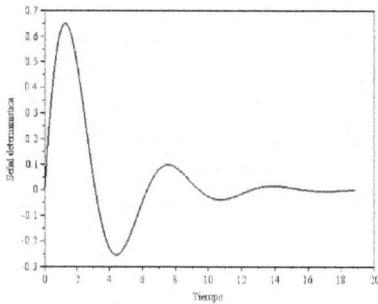

a)

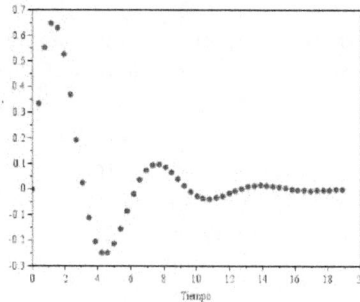

b)

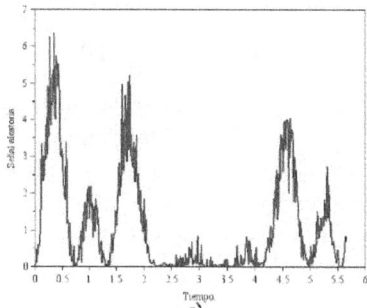

c)

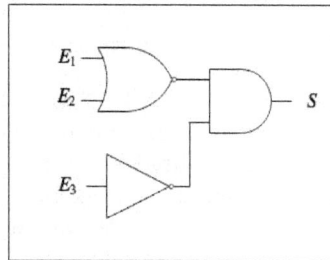

d)

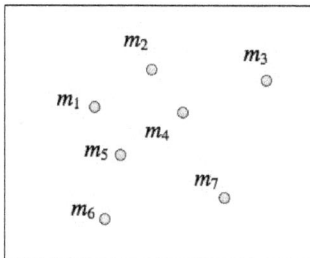

$$m_{\mathrm{A}} = \sum_{k=1}^{7} m_k$$

e)

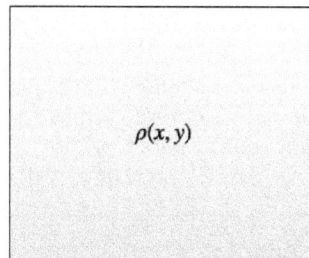

$$m_{\mathrm{A}} = \int_A \rho(x,y)\, dx\, dy$$

f)

Figura 2: Tipos de sistemas atendiendo a distintas clasificaciones.

eléctrico: puede estar cerrado y permitir el paso de corriente a través de un circuito, o puede estar abierto e impedir la circulación de cargas; de esta manera, puede tomar los estados *encendido* y *apagado*. Lo mismo puede decirse de un pistón neumático de simple o de doble acción: solamente puede considerarse en dos posibles posiciones: al inicio o al final de su carrera de desplazamiento. Es muy común, en las industrias, visualizar las etapas de elaboración de un artículo como una serie de estados tajantes entre los cuales la transición es instantánea, por ejemplo *recibido, en camino, ensamblado* y *terminado*. Un ejemplo bastante común en la ingeniería lo constituye el empleo de los controladores lógicos programables (PLC). Los sistemas a eventos discretos se pueden representar gráficamente por medio de funciones discontinuas con cambios abruptos, en particular las funciones booleanas. En la figura 2 *d*) se muestra un ejemplo de sistema en tiempo discreto. A pesar de que se emplean símbolos de uso común en la electrónica, el uso de las operaciones lógicas puede corresponder a sistemas de distinto tipo (comerciales, de producción industrial, de normas legales) en los cuales es la ocurrencia de un evento, y no el tiempo transcurrido, la que detona los cambios en el estado del sistema.

1.3.3   Sistemas clasificados según el nivel de certidumbre

Los éxitos obtenidos en los siglos XVIII y XIX en cuanto al estudio de la naturaleza, arrojaron la certeza de que, siempre que se repita un fenómeno bajo idénticas condiciones se obtendrán los mismos resultados, atribuyendo las variaciones a variaciones en las condiciones. La necesidad de ampliar las explicaciones a una amplia gama de fenómenos condujo a la necesidad de tomar en cuenta la variabilidad de los fenómenos como una propiedad intrínseca de muchos de ellos.

Sistemas determinísticos

Se trata de sistemas en los cuales la salida correspondiente a una entrada especificada mantiene siempre su valor. Por ejemplo, consideramos el fenómeno de la caída libre. El modelo habitual indica que, siempre que dejamos caer de la misma altura un cuerpo, el tiempo de caída será siempre el mismo. Nadie duda que repetir la misma secuencia de comandos en una computadora producirá *siempre* el mismo resultado. Las figuras 2 *a*), *b*) y *d*) representan ejemplos de sistemas determinísticos.

Sistemas aleatorios

Los sistemas *aleatorios* o sistemas *estocásticos*, como contraparte de los sistemas determinísticos, son aquellos en los cuales está involucrado el azar o, dicho de manera más formal, se estudian haciendo uso de la teoría de las probabilidades. La consideración fundamental es que, cada vez que se repite un proceso o experimento, existe una variabilidad intrínseca asociada con los resultados, aún cuando se efectúe siempre bajo las mismas condiciones controladas. Cuando esa variabilidad no es notoria ni afecta los resultados del experimento, el sistema puede considerarse determinístico para todos los efectos prácticos. Sin embargo, las técnicas que toman en cuenta la variabilidad aleatoria permiten estimar cantidades con un nivel de precisión suficiente para todas las aplicaciones prácticas, un ejemplo notorio de ello son los sistemas de radar para la aeronavegación, así como el sistema de posicionamiento global (GPS). Los modelos matemáticos de los sistemas dinámicos aleatorios son las ecuaciones diferenciales estocásticas y las ecuaciones estocásticas en diferencias, las cuales quedan fuera del alcance de este texto. La figura $2\ c$) muestra una señal aleatoria, cuyo valor, a diferencia de las figuras a), b) y d), no es posible predecir, aún conociendo el instante de tiempo, los valores anteriores y las condiciones de operación: en cada ocasión en que se repita el proceso, la señal tomará valores distintos sin que sea posible determinar con antelación exactamente cuales serán.

1.3.4 Sistemas según la distribución espacial de las propiedades

Un sistema puede considerarse de parámetros distribuidos o de parámetros concentrados, tal distinción tiene importantes consecuencias para la elaboración de los modelos.

Sistemas de parámetros concentrados

La suposición de que los parámetros se encuentran concentrados en un punto o región específica del espacio permite simplificar considerablemente los modelos matemáticos. Un caso representativo es el análisis de movimiento de los cuerpos. Si se considera que toda la masa se encuentra concentrada en el baricentro de un cuerpo rígido, el análisis de las fuerzas y aceleraciones puede efectuarse de manera más efectiva. La resistencia de un conductor es una propiedad distribuida, pero por conveniencia resulta práctico modelar su efecto como un resistor conectado a los restantes componentes del circuito por medio de conductores ideales sin resistencia. Asimismo, la capacitancia de las líneas de transmisión eléctrica, en virtud de su gran longitud, es una propiedad distribuida cuyo efecto se vuelve considerable y sin embargo en muchas situaciones resulta suficiente el considerar su efecto como el resultado de conectar un capacitor con los demás componentes del circuito a través de conductores sin capacitancia. La ventaja no resulta menor: permite elaborar modelos basados exclusivamente en ecuaciones diferenciales ordinarias, es decir, en las cuales la función incógnita solamente es función de una variable independiente. La figura $2\ e$) muestra un sistema compuesta por varias masas puntuales, cada una concentrada en un punto con coordenadas específicas y donde la suma de todas ellas equivale a la masa total del sistema.

Sistemas de parámetros distribuidos

En contraste con los sistemas de parámetros concentrados, los sistemas de parámetros distribuidos caracterizan a componentes a través de funciones que indican la concentración o densidad de cierta propiedad. Además de los casos ya mencionados de distribución de la masa en un cuerpo elástico, y de distribución de resistencia y capacitancia en conductores eléctricos, los modelos de parámetros distribuidos son comunes en la mecánica de materiales, la dinámica de fluidos compresibles y no compresibles, el flujo de calor en sólidos y líquidos y los problemas de difusión. Como consecuencia de ello, los modelos resultantes se deben expresar a través de ecuaciones diferenciales parciales, en las cuales aparecen derivadas de las funciones incógnitas con respecto a más de una variable. Estas ecuaciones requieren un conjunto más sofisticado de técnicas matemáticas y los algoritmos de simulación dinámica disponibles para ellos son considerablemente más exigentes desde el punto de vista computacional. Por otra parte, los algoritmos para controlar este tipo de sistemas no han alcanzado el grado de desarrollo de los algoritmos para sistemas de parámetros concentrados y son objeto de investigación activa. La figura 2 f) se muestra para indicar que, en contraste con la figura 2 e), la masa es una propiedad que se distribuye de acuerdo con una función que varía continuamente como función de las coordenadas x, y.

Alcance del texto

Una vez definido el espectro de posibilidades que puede cubrir el modelado de sistemas físicos, resulta adecuado delimitar la clase de sistemas que se van a estudiar: se trata de *sistemas determinísticos en tiempo continuo con parámetros concentrados*, con énfasis en modelos lineales invariantes en el tiempo.

1.4   Ejercicios

1. ¿Qué es la solución analítica de una ecuación diferencial?

2. ¿Qué es un modelo matemático?

3. ¿En qué consiste la simulación digital?

4. ¿Un modelo más exacto es siempre mejor? Explique el fundamento de su respuesta.

5. ¿Qué son las entradas de un sistema?

6. ¿Qué son las salidas de un sistema?

7. ¿Qué son las perturbaciones?

8. Mencione tres ventajas de realizar el modelado.

9. Mencione tres programas utilizados para realizar simulaciones digitales.

10. ¿Es lo mismo *resolver por computadora* que *realizar simulación digital*? Explique la justificación de su respuesta.

11. ¿Qué es un sistema lineal invariante en el tiempo?

12. ¿En qué consiste la propiedad de linealidad?

13. Mencione tres fenómenos físicos en los cuales se manifiesta la no linealidad.

14. ¿Cuáles son las limitaciones del modelado?

15. ¿Para qué sirven los resultados de la simulación?

16. ¿En qué consiste la propiedad de la superposición?

17. Proporcione tres ejemplos distintos de modelos en parámetros *distribuidos*.

18. Proporcione un ejemplo de sistema estocástico que esté relacionado con la ingeniería.

19. Considérese el caso de un cilindro neumático para posicionar objetos.¿ En qué situación se le puede considerar como un sistema a eventos discretos y en qué situación se le puede considerar como un sistema en tiempo continuo?

20. Considérese un motor eléctrico de corriente directa utilizado para el posicionamiento de la aguja lectora de un disco compacto. ¿Qué situación justifica que se le considere un sistema determinístico y cuándo se justifica que se le considere como un sistema estocástico?

1.5 Notas y referencias

Sobre modelado matemático en general existe una variedad de fuentes disponibles que dan una idea acerca de los distintos enfoques existentes y los cambios que han sufrido a lo largo del tiempo. En el área disciplinar relacionada con el contenido de la presente obra destaca como antecedente el texto de Ogata [Ogata, 1987], el cual puede considerarse, hasta cierto punto, como el pionero de obras más recientes entre las que se incluyen los textos [Palm, 2000] y [Woods and Lawrence, 1997]. Para una introducción a un espectro más amplio acerca de las distintas facetas del modelado se puede hallar una introducción concisa el breve texto de [Bender, 2000]. La conexiones entre la física clásica y el modelado matemático pueden explorarse en un repertorio de problemas[Lebedev et al., 1979]. El modelado relacionado con ramas de la ingeniería un tanto más diversas se abarca en obras como [Aris, 1988] y [Kecman, 1988]. La obra de [Kanoop et al., 2008] da un panorama de los desarrollos recientes. Un trabajo en el cual se expone un tratamiento de los sistemas que involucran infomación estocástica puede hallarse en [Solodovnikov, 1960].

Capítulo 2

Preliminares formales matemáticos

Reality is a wave function traveling both backward and forward in time [1]

–JOHN CASTI

2.1 Linealidad

La noción de linealidad es un concepto central en la realización de modelos matemáticos, tomando en cuenta que gran cantidad de propiedades se expresan más fácilmente para sistemas lineales. Se dice que una función $f(x)$ es lineal si, para todos los valores x e y del argumento, y para cualquier constante α, se cumplen las siguientes dos propiedades:

- *Homogeneidad*: un escalamiento de la variable independiente produce un escalamiento similar en el valor correspondiente de la función, es decir, cumple con la identidad

$$f(\alpha x) = \alpha f(x), \tag{2.1}$$

- *Superposición*: cuando la imagen de la suma de cualquier par de valores del argumento es igual a la suma sus respectivas imágenes, es decir

$$f(x + y) = f(x) + f(y). \tag{2.2}$$

A la propiedad de homogeneidad con frecuencia se le conoce como *proporcionalidad* y a la superposición también se le llama *aditividad*. Por ejemplo, la función que representa a una línea recta que pasa por el origen, definida por

$$f(x) = 5x$$

---

[1] John L. Casti (1943-). Matemático, empresario, divulgador y futurólogo estadounidense. Especialista en Sistemas Dinámicos y Teoría del Matemática del Control, es autor de abundantes textos acerca de fenómenos complejos y las posibilidades que ofrece la simulación computacional, antiguo miembro del Instituto Santa Fe y de IIASA.

es una función lineal, ya que, por una parte, para cualquier constante α, al sustituir x por αx se tiene

$$f(\alpha x) = 5\alpha x = \alpha \cdot 5x = \alpha f(x),$$

mientras que, para cualesquiera valores x y, al sustituir $x + y$ en lugar de x, se obtiene

$$f(x + y) = 5(x + y) = 5x + 5y = f(x) + f(y),$$

por lo que, al cumplirse tanto la homogeneidad como la superposición, se concluye que la función es lineal. Una expresión más compacta (pero menos descriptiva) de la definición de linealidad de una función es la siguiente: la función $f(x)$ es lineal si, para todos x e y en el dominio de f, y para cualesquiera números constantes α y β, se cumple la siguiente identidad

$$f(\alpha x + \beta y) = \alpha f(x) + \beta f(y).$$

Es de destacarse, por otra parte, que la linealidad se define no solamente para funciones en las cuales las variables son números. Por ejemplo puede considerarse que la operación de derivación, es una función en la cual el dominio es la clase de funciones diferenciables, y el contradominio es un cierto conjunto de funciones. Entonces, por ejemplo podemos indicar que $x(t)$ e $y(t)$, además de ser funciones, pueden ser cada una, el argumento de $\frac{d}{dt}(\cdot)$ y de inmediato, por las propiedades elementales de la derivada tenemos

- Homogeneidad:

$$\frac{d}{dt}\left(\alpha x(t)\right) = \alpha \frac{d}{dt}x(t)$$

- Superposición:

$$\frac{d}{dt}\left(x(t) + y(t)\right) = \frac{d}{dt}x(t) + \frac{d}{dt}y(t),$$

por lo tanto, con toda propiedad se puede decir, que la derivación es una operación lineal. Un caso similar es el de la integral definida: aquí el dominio es el conjunto de funciones que son integrables en el sentido de Riemman en un intervalo $[a, b]$ y el contradominio un subconjunto de los números (reales o complejos, según sea el caso). Si $x(t)$ e $y(t)$ pertenecen a dicho dominio, denotamos la operación de integral definida como

$$\int_a^b x(t)dt,$$

y debido a las propiedades elementales de la integral, tenemos

- Homogeneidad:

$$\int_a^b \alpha x(t)dt = \alpha \int_a^b x(t)dt,$$

- Superposición:

$$\int_a^b (x(t) + y(t))dt = \int_a^b x(t)dt + \int_a^b y(t)dt,$$

razón por la cual la integral definida es también una operación lineal. Como consecuencia de la propiedad de linealidad, la transformada de Laplace de la función $f(t)$

$$\mathcal{L}\left\{f(t)\right\} = \int_0^\infty f(t)e^{-st}dt \tag{2.3}$$

es también una operación lineal, es decir, para todas funciones $f(t)$, $g(t)$ para las cuales esté definida la transformada de Laplace, se tiene

$$\mathcal{L}\left\{f(t)\right\} = \alpha\mathcal{L}\left\{f(t)\right\} \quad \text{y } \mathcal{L}\left\{f(t) + g(t)\right\} = \mathcal{L}\left\{f(t)\right\} + \mathcal{L}\left\{g(t)\right\}. \tag{2.4}$$

2.2 Soluciones analíticas y soluciones numéricas

Solución analítica

La solución analítica de una ecuación diferencial consiste en expresar la solución por medio de una expresión matemática explícita que permite, al sustituir los valores de la variable independiente, obtener los valores de la función incógnita. Por ejemplo, considérese la ecuación diferencial de primer orden que junto con las condiciones iniciales, constituye un *problema de valor inicial*

$$\frac{dx}{dt} = -2x + 1, \quad x(0) = 0. \tag{2.5}$$

La solución de (2.5) se puede obtener mediante distintas técnicas, como la separación de variables, el uso del factor integrante y la transforamada de Laplace. La ventaja de la solución empleando la transformada de Laplace consiste en que el procedimiento de solución incluye desde un principio a las condiciones iniciales. Más adelante se utilizará a la transformada como medio de representación, más que como técnica de solución de ecuaciones diferenciales. Por el momento, apliquémosla en la solución de (2.5):

$$\begin{aligned}
s\tilde{x}(s) - x(0) &= -2\tilde{x}(s) + \frac{1}{s} \\
(s+2)\tilde{x}(s) &= \frac{1}{s} \\
\tilde{x}(s) &= \frac{1}{s(s+2)} \\
x(t) &= \mathcal{L}^{-1}\left\{\tilde{x}(s)\right\} \\
&= \mathcal{L}^{-1}\left\{\frac{1}{s(s+2)}\right\} \\
&= \frac{1}{2}(1 - e^{-2t}).
\end{aligned} \tag{2.6}$$

Solución numérica

La simulación digital consiste en la resolución numérica de ecuaciones diferenciales, usando para ello un método numérico incorporado en una computadora digital. Dependiendo de los recursos del usuario, puede emplearse desde un lenguaje de programación de propósito general, hasta un software especializado *ad hoc*, con las interfaces específicamente diseñadas para tal fin. El ejemplo más sencillo de un método numérico para resolver ecuaciones diferenciales es el método de Euler, que resulta apropiado para ecuaciones de primer orden. Dada la ecuación diferencial

$$\frac{dx}{dt} = f(x, t) \tag{2.7}$$

para comprender la idea de este método, basta con analizar la definición de derivada

$$\frac{dx}{dt} = \lim_{\Delta t \to 0} \frac{x(t + \Delta t) - x(t)}{\Delta t} \tag{2.8}$$

entonces se puede aproximar

$$\frac{dx}{dt} \approx \frac{x(t + \Delta t) - x(t)}{\Delta t}, \tag{2.9}$$

es decir, se puede calcular una secuencia de valores aproximados de la solución de la ecuación diferencial (2.7) considerando

$$\frac{x(t + \Delta t) - x(t)}{\Delta t} = f(x, t) \tag{2.10}$$

se puede obtener una secuencia de N valores aproximados para instantes de tiempo uniformemente espaciados $t = t_0, t_0 + \Delta t, t_0 + 2\Delta, \dots, t_0 + N\Delta t$.

$$x(t + \Delta t) = x(t) + f(x, t) \cdot \Delta t. \tag{2.11}$$

Nótese que, al igual que en el caso de la solución analítica, es necesario conocer el valor inicial t_0. La ecuación (2.11) constituye el caso más sencillo de un método numérico utilizado para resolver numéricamente ecuaciones diferenciales: el método de Euler. Se trata de un método básico y en la práctica se utilizan métodos más eficientes, pero este método revela el carácter esencialmente aproximado de las soluciones numéricas. Considérese como ejemplo, el problema de hallar los valores de la solución de la ecuación diferencial

$$\frac{dx}{dt} = -2x + 1, \quad x_0 = 1, \tag{2.12}$$

en el intervalo $[0, 2]$. La elección del número de puntos N para los cuales se desea hallar la solución depende del objetivo que se tenga en mente o la aplicación de la ecuación diferencial. Supongamos que deseamos conocer $N = 10$ valores uniformemente repartidos dentro del intervalo, entonces el incremento de la función será

$$\Delta t = \frac{2 - 0}{10} = 0.2 \tag{2.13}$$

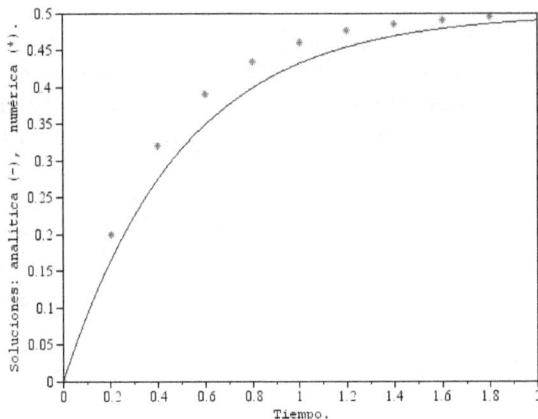

Figura 3: Solución analítica y solución numérica de la ecuación diferencial $\dot{x}(t) = -2x + 1$, con la condición inicial $x(0) = 0$.

La secuencia de valores aproximados se calcula aplicando de manera recurrente la fórmula (2.11) a la ecuación diferencial (2.12)

$$x(t + \Delta t) = x(t) + (-2x(t) + 1)\Delta t \qquad (2.14)$$

para los instantes $t = 0, 0.2, 0.4, \ldots, 1.8, 2.0$. Efectuando los cálculos de acuerdo con (2.14)

$$\begin{aligned}
x(0.2) &= 0 + (-2 \cdot 1 + 1) \cdot 0.2 = 0.2 \\
x(0{,}4) &= 0.2 + (-2 \cdot 0.2 + 1) \cdot 0.2 = 0.32 \\
x(0.6) &= 0.32 + (-2 \cdot 0.32 + 1) \cdot 0.2 = 0.392 \\
&\ldots\ldots \\
x(2.0) &= 0.4949 + (-2 \cdot 0{,}495 + 1) \cdot 0.2 = 0.497.
\end{aligned} \qquad (2.15)$$

Los resultados del procedimiento se han graficado y se muestran como puntos aislados en la figura 3, comparándolos con la curva continua obtenida graficando la solución analítica $x(t) = \frac{1}{2}(1 - e^{-2t})$.

Las gráficas mostradas en la figura 3 proporcionan una idea de la cercanía entre los resultados de la solucón aproximada empleando un método numérico, también conocida como *simulación digital* y la gráfica de la función obtenida por solución analítica. Aún cuando la solución analítica suele considerarse como la solución exacta, y por lo tanto más deseable, ocurre que en muchos casos no es posible obtener una solución analítica, ya sea por la complejidad o por el número de ecuaciones diferenciales involucradas, así que la única manera de obtener soluciones será, en muchos casos, a través de las simulaciones.

En principio, cualquier lenguaje de programación que permita manejo de operaciones matemáticas numéricas permite también llevar a cabo simulación: en muchos de tales lenguajes se han desarrollado conjuntos extensos de paquetes o *librerías* que le ahorran al usuario la tarea de programar desde cero los procedimientos numéricos necesarios.

Existen otras maneras de utilizar las capacidades de los sistemas de cómputo para obtener soluciones de ecuaciones diferenciales. En particular el *cómputo simbólico* permite hallar soluciones en forma de expresiones matemáticas cerradas sin que exista un procedimiento de cálculo numérico de por medio. Es decir, el uso de computadora para resolver ecuaciones o sistemas de ecuaciones diferenciales no es un sinónimo de simulación digital. A pesar de las ventajas del cómputo simbólico, se trata de un enfoque que también posee claras limitaciones: por una parte utiliza extensivamente los recursos de la computadora, y por la otra, no necesariamente proporciona la información deseada, ya que la simplicacioón que realiza no suele coincidir con la manera en que las personas interpretan la información matemática.

2.3   Modelos para sistemas lineales

El modelado de sistemas lineales puede realizarse ventajosamente utilizando tres distintos enfoques:

1. ECUACIONES DIFERENCIALES. Puede tratarse de una sola ecuación diferencial de primer orden o de orden superior, o bien dos o más ecuaciones diferenciales simulatáneas de orden superior. Ejemplos emblemáticos del primer caso son la ecuación diferencial de la curva elástica en el modelado de una viga en mecánica de materiales, el modelado de un circuito RLC serie o el modelado de un sistema que consta de una masa que cuelga de un resorte elástico y está sujeto a la acción de un amortiguador. Como ejemplos del segundo caso tenemos a sistemas que costan de masas acopladas por medio de elementos elásticos, circuitos pasivos con múltiples mallas y motores eléctricos. De manera genérica, nos referimos a este tipo de modelos como ecuaciones dinámicas.

2. FUNCIONES DE TRANSFERENCIA. Una forma utilizada desde hace muchos años para representar sistemas de control es la función de transferencia, que se basa en la transformada de Laplace, la cual se utiliza para resolver ecuaciones diferenciales (lineales con coeficientes constantes) utilizando procedimientos que mayormente involucran álgebra. Pero la resolución analítica de ecuaciones diferenciales no es la meta principal cuando se emplea la función de transferencia, su utilidad reside en proporcionar información sobre las características dinámicas de la respuesta de un sistema, independientemente de la entrada que se aplique.

3. MODELO EN VARIABLES DE ESTADO. El modelado utilizando variables de estado es la técnica más reciente de las tres que se describen y consiste, a grandes rasgos, en definir un sistema de ecuaciones diferenciales de primer orden, el número de estas ecuaciones es igual al orden del sistema. Este enfoque de modelado no es exclusivo para sistemas lineales, pero es indiscutible que es en ese tipo de sistemas que se han podido explotar las ventajas, pues permiten usar todo el aparato teórico que se ha desarrollado para el álgebra lineal.

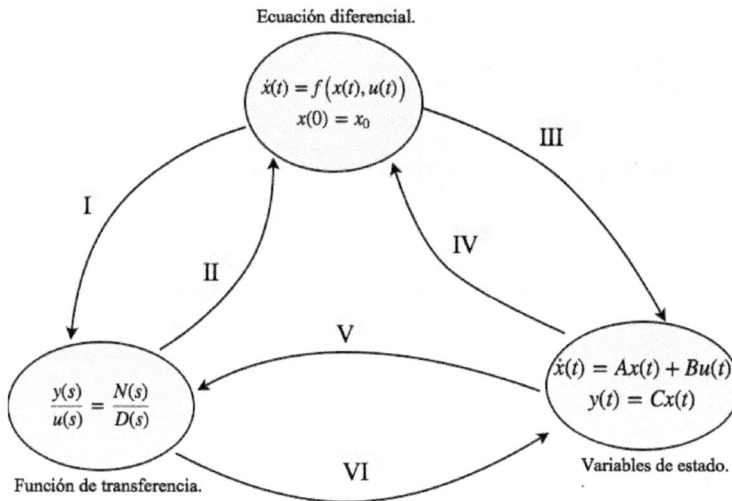

Figura 4: Alternativas en el modelado de sistemas lineales.

La figura 4 ilustra las tres alternativas que se describen en este texto, así como las vías por las cuales es posible pasar de una formulación a otra.

El modelo básico para todo sistema dinámico en tiempo continuo es un modelo expresado en forma de *ecuación diferencial ordinaria*, obtenida a partir de la aplicación de las leyes físicas y las interrelaciones de los componentes del sistema, por ello se indica en el óvalo superior de la figura. El óvalo inferior izquierdo representa el modelo en forma de *función de transferencia*, para el cual se han desarrollado un sinúmnero de técnicas que permanecen vigentes en la actualidad. Finalmente, del lado inferior derecho se muestra el modelo en el *espacio de estados*, el cual resulta particularmente apropiado para el modelado de sistemas con varias entradas y varias salidas. Se ha dibujado una serie de líneas de enlace entre los distintos tipos de modelos y numeradas del I al VI.

- La línea I representa el procedimiento de obtener una función de transferencia, por medio de la transformada de Laplace, a partir de la ecuación diferencial.

- La línea de enlace II representa el procedimiento inverso al anterior, que consiste en hallar una ecuación diferencial asociada con la función de transferencia.

- La línea III representa el procedimiento de encontrar, mediante un cambio de variable y otras sencillas manipulaciones algebraico-diferenciales, un modelo en variables de estado a partir de la ecuación diferencial.

- La línea IV describe el paso de modelo en variables de estado a una ecuación diferencial, lo cual se efectuá en ocasiones con fines de calibración de los modelos.

- La línea V indica la obtención de un modelo multivariable de función de transferencia a partir de un modelo en variables de estado, lo que se realiza a través de un simple, pero a veces laborioso, procedimiento algebraico.

- Finalmente, el enlace VI indica la obtención de uno de los muchos modelos en variables de estado a partir de una función de transferencia, lo cual se lleva a cabo a través de las técnicas que forman parte de lo que se conoce como *teoría de la realizacón.*

2.3.1   Diagramas de bloques de operaciones analógicas

Antes del uso extendido de las computadoras digitales, la simulación de sistemas dinámicos se llevaba a cabo por medio de dispositivos analógicos. Las señales simuladas eran representadas por medio de voltajes y operaciones tales como la suma, la comparación, la magnificación y la integración se llevaba a cabo por medio de amplificadores operacionales. El configurar el circuito era un proceso bastente meticuloso y los cambios en la configuración requerían cambios en las conexiones eléctricas físicas. Con el uso de computadoras personales, portátiles y equipos móviles de gran poder de cómputo, junto con los avances en software, esa época ha quedado atrás, dejando tras de sí un legado de símbolos que actualmente son empleados para representar distintas operaciones de simulación que se implementan, usando los lenguajes típicos de ese estilo son MATLAB/SIMULINK$^{\copyright}$ y `scilab/xcos`. software especializado, por medio de computadoras digitales. En la figura 5 se muestra una serie de figuras útiles para efectuar programas de simulación que representan componentes de sistemas dinámicos, algunos de los cuales se explican a continuación, las líneas del lado izquierdo de cada bloque representan las señales de entrada, mientras que las del lado derecho representan las señales de salida.

.

Sumador

Los primeros dos bloques son versiones alternativas del bloque de suma, el cual requiere al menos dos señales de entrada,

$$\begin{aligned} \text{entradas} \qquad\qquad & u_1(t), u_2(t) \\ \text{salida} \qquad\qquad & y(t) = u_1(t) + u_2(t). \end{aligned}$$

Se puede configurar para aceptar un mayor número de entradas, pudiento seleccionar que ninguna, una, o todas las señales ingresen con signo positivo o negativo.

Bloque de ganancia constante

Este bloque emplea una sola entrada para producir una salida.

$$\begin{aligned} \text{entrada} \qquad\qquad & u(t) \\ \text{salida} \qquad\qquad & y(t) = Ku(t). \end{aligned}$$

Existen opciones para que la entrada sea un vector y la salida un vector de la misma dimensión en el cual cada uno de los componentes se obtiene multiplicando a la respectiva componente de la entrada.

Suma

Suma

Ganancia constante

Multiplicación

Integrador

Integrador

Función trigonométrica

Función de transferencia
(tiempo continuo)

Función definida por el usuario

Multiplexión

Demultiplexión

Derivación

Saturación

Retardo unitario

Función escalón

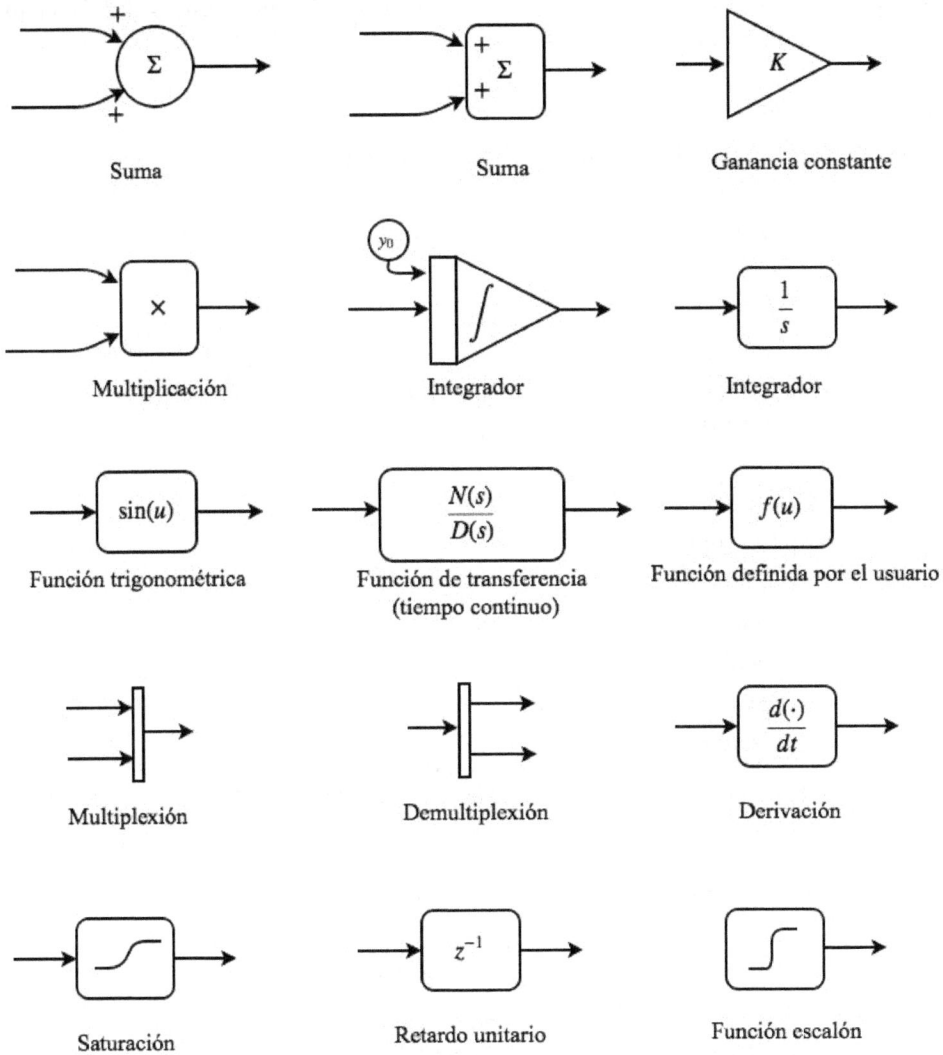

Figura 5: Diagrama de bloques con operaciones analógicas.

Bloque de multiplicación

$$\begin{aligned} \text{entradas} \qquad & u_1(t), u_2(t) \\ \text{salida} \qquad & y(t) = u_1(t)u_2(t). \end{aligned}$$

El bloque puede ser configurado para efectuar la operación de división, así como para efectuar el producto de más de dos factores.

Bloque integrador

Este bloque acepta una sola entrada (que puede ser escalar o vectorial) y produce una salida del mismo tipo que la entrada

$$\begin{aligned} \text{entrada} \qquad & u(t) \\ \text{salida} \qquad & y(t) = y_0 + \int_0^t u(\theta)d\theta. \end{aligned}$$

Por defecto, este bloque utiliza la condición inicial $y_0 = 0$, pero este valor puede ser reemplazado por cualquier otro número (si la señal es escalar) o vector numérico (en el caso de que la señal sea vectorial).

Función trigonométrica

Este bloque devuelve como salida el valor de la función trigonométrica de la señal de entrada, dicha función puede ser seno, conseno, tangente, etc.

$$\begin{aligned} \text{entrada} \qquad & u(t) \\ \text{salida} \qquad & y(t) = \text{sen}(u(t)), \\ \text{salida} \qquad & y(t) = \cos(u(t)), \\ \text{salida} \qquad & y(t) = \tan(u(t)), \text{etc.} \end{aligned}$$

la entrada se considera en radianes, aún cuando existen lenguajes gráficos de programación que permiten trabajar en grados sexagesimales.

Función de transferencia en tiempo continuo

La entrada de este bloque es una función que depende del tiempo, aún cuando el bloque indica que se trata de una función de transferencia. Esto puede generar confusión, ya que puede inducir a creer que las operaciones se efectúan sobre la variable s.

$$\begin{aligned} \text{entrada} \qquad & u(t) \\ \text{salida} \qquad & y(t) = \mathcal{L}^{-1}\left\{G(s)u(s)\right\}. \end{aligned}$$

La relación entrada-salida de este bloque se puede entender así: *la salida del bloque en cada instante t es el resultado de hacer con la entrada u(t) las operaciones definidas por la transformación inversa de Laplace de*

$$G(s)u(s) = \frac{N(s)}{D(s)}u(s). \tag{2.16}$$

una manera alternativa de explicar lo que hace este bloque es empleando la propiedad de convolución de la transformada de Laplace. Si $G(t) = \mathcal{L}^{-1}\{G(s)\}$, entonces la salida es la *convolución* de las funciones $G(t)$ y $u(t)$, a saber

$$y(t) = \int_0^t G(t)u(t-\theta)\,d\theta. \tag{2.17}$$

Para más detalles, consultar el apéndice C y la bibliografía respectiva.

Función definida por el usuario

Se trata de un bloque para indicar que, para cada instante de simulación t, el valor de la salida $y(t)$ es el resultado de aplicarle a la función de entrada $u(t)$ las operaciones definidas dentro del bloque.

entrada	$u(t)$
salida	$y(t) = f\big(u(t)\big),$

donde $f(u)$ indica las operaciones que hay que efectuar sobre la entrada para obtener el valor de la salida, que deben efectuarse de acuerdo con las reglas del lenguaje de programación en cuestión. Si, por ejemplo, se busca que la salida sea el cuadrado de la suma de la entrada y una constante c, entonces $f(u) = (u+c)^2$.

Bloque de multiplexión

Esto bloque recibe como entradas a dos o más señales y produce como salida a un *vector* cuyas respectivas componentes son las las variables de entrada.

entradas	$u_1(t), u_2(t)$
salida	$y(t) = \begin{pmatrix} u_1(t) \\ u_2(t) \end{pmatrix},$

Es decir, *empaqueta* dos señales escalares en una señal vectorial. El bloque se puede configurar para recibir más de dos entradas. En el caso de señales reales, para cada valor de t, se puede considerar como una función $f : \mathbb{R} \times \mathbb{R} \longrightarrow \mathbb{R}^2$.

Bloque desmultiplexor

Este bloque efectúa la acción opuesta al bloque del multiplexión: tomando como entrada a una señal con varias componentes escalares, produce número de salidas igual al número de componentes del vector de entrada.

entrada	$u(t) = \begin{pmatrix} u_1(t) \\ u_2(t) \end{pmatrix}$
salidas	$y_1(t) = u_1(t),\ y_2(t) = u_2(t).$

Es decir, este bloque *desempaqueta* una señal vectorial y entrea las dos componentes como señales escalares por separado. Se puede configurar para aceptar como entrada a vectores con mayor número de componentes.

Derivador

Efectúa la derivada numérica de la señal de entrada, utilizando para ello un método numérico.

entradas $\qquad\qquad\qquad u(t)$

salida $\qquad\qquad\qquad y(t) = \dfrac{du(t)}{dt}.$

Bloque de saturación

Este bloque *trunca* el valor de la señal cuando el valor de la entrada alcanza o excede cierto umbral especificado por el usuario

entradas $\qquad\qquad u(t)$

salida $\qquad\qquad y(t) = \begin{cases} y_1 & \text{si} & u(t) < x_1, \\ u(t) & \text{si} & x_1 \le u(t) \le x_2, \\ y_2 & \text{si} & u(t) > x_2, \end{cases}$

donde $x_1 < x_2$ y $y_1 < y_2$.

Bloque de retardo unitario

La operación de retardo generalmente está asociada con la simulación en tiempo discreto, no obstante, su empleo se puede extender cuando se desea retener el valor de la señal correspondiente a un instante previo, sin que este instante tenga necesariamente que ser el instante inmediato anterior.

entrada $\qquad\qquad\qquad u(t)$

salida $\qquad\qquad\qquad y(t) = u(t-1).$

El bloque se puede configurar para que el retardo sea distinto de la unidad.

Función escalón

Este bloque entra dentro de la categoría de fuentes de señal, por el hecho de que no requiere una entrada para su funcionamiento.

entrada $\qquad\qquad$ no requiere

salida $\qquad\qquad y(t) = \begin{cases} 0, & \text{si} & u(t) < 0, \\ 1, & \text{si} & u(t) \ge 0. \end{cases}$

Un ejemplo sencillo, pero significativo, del empleo de este tipo de diagrama de bloques se exhibe en la figura 6, donde se muestra un ejemplo de diagrama de bloques para la ecuación diferencial

$$L\frac{d^2q(t)}{dt^2} + R\frac{dq(t)}{dt} + \frac{1}{C}q(t) = u(t). \tag{2.18}$$

Por otra parte, en la figura 7 se muestra el diagrama de bloques para efectuar la simulación utilizando xcos.

$$\ddot{q}(t) = -\frac{R}{L}\dot{q}(t) - \frac{1}{LC}q(t) + \frac{1}{L}u(t)$$

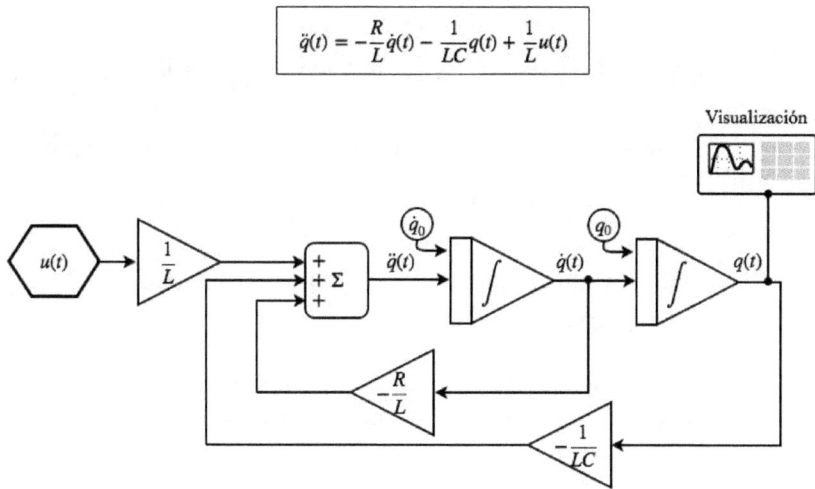

Figura 6: Diagrama genérico de bloques con operaciones analógicas.

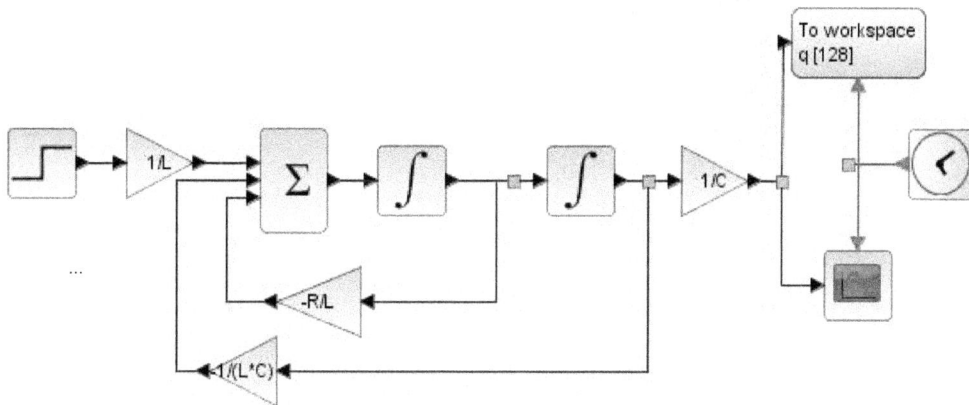

Figura 7: Diagrama de bloques con operaciones analógicas implementado en `xcos`.

2.4 Ejercicios

1. Elaborar el diagrama de bloques para simulación del siguiente sistema

$$3\frac{d^3x(t)}{dt^3} + t^2\frac{d^2x(t)}{dt^2} + 2\operatorname{sen}(t)\frac{dx(t)}{dt} = 0$$

2. Elaborar el diagrama de bloques para simulación del sistema descrito por la siguiente ecuación diferencial

$$\frac{d^2\theta(t)}{dt^2} + 9.8\operatorname{sen}\theta(t) = u(t).$$

Efectuar la simulación utilizando $u(t) = \cos(2t)$, en el intervalo $t \in [0, 10]$, con las condiciones iniciales $\theta(0) = 0$, $\left.\frac{d\theta(t)}{dt}\right|_{t=0} = 0$.

3. Para cada una de las siguientes funciones, determinar si la función es lineal o no lo es, indicando cuál es el requisito que no cumple para ser lineal

   a) $f(x) = 5x$.

   b) $f(x) = cx$, c constante.

   c) $f(x, y) = \alpha x + \beta y$, siendo α y β números constantes.

   d) $f(x, y) = 2x + 5y$.

   e) $\varphi(t) = 3t + 1$.

   f) $f(w) = we^{3t}\cos(t)$.

   g) $f(t) = we^{3t}\cos(t)$, $w \in \mathbb{R}$.

   h) $f(t) = 5e^{\alpha t}\cos(\beta t)$.

   i) $f(y) = \ln y$.

   j) $f(x) = x\cos(t + 2)$.

   k) $f(x) = 2\cos(t + x)$.

   l) $\varphi(u, v) = u\cos(t) + vt$, $t \geq 0$.

   m) $\varphi(u, v, t) = u\cos(t) + vt$.

   n) $\varphi(u, v, t) = u\cos(t) + v + 3t$.

   o) $g(y) = 3y + 1$.

   p) $h(y) = \alpha y + \beta$, con $\alpha, \beta \in \mathbb{R}$.

   q) $f(x_1, x_2, \ldots, x_n) = x_1 + 2x_2 + \cdots + nx_n$, siendo n un entero positivo.

   r) $g(x_1, x_2, \ldots, x_n) = x_1 + 2x_2 + \cdots + nx_n + n$.

   s) $L(x(t)) = 3\ddot{x}(t) + 4\dot{x}(t) + t^2x(t)$, para $0 \leq t < \infty$ y siendo $x(t)$ una función con segunda derivada continua.

   t) $L(x(t)) = \alpha\ddot{x}(t) + \beta\dot{x}(t) + \gamma x(t)$, para $0 \leq t < \infty$ y siendo $x(t)$ una función con segundas derivadas continuas.

u) $L(x(t)) = \alpha u(t)\ddot{x}(t) + \beta v(t)\dot{x}(t) + \gamma w(t)x(t)$, para $0 < t < \infty$ y siendo $x(t)$ una función con segundas derivadas continuas, y $u(t), v(t), w(t)$ funciones continuas definidas en el mismo intervalo que $x(t)$.

v) $L(x(t)) = \alpha u(t)\ddot{x}(t) + \beta v(x(t))\dot{x}(t) + \gamma w(t)x(t)$, para $0 < t < \infty$ y siendo $x(t)$ una función con segundas derivadas continuas, y $u(t)$ y $w(t)$ funciones continuas definidas en el mismo intervalo que $x(t)$, y siendo $v(x)$ una función lineal no constante.

w) $L(x) = 3x + 4$.

4. Elaborar el diagrama de bloques para simulación que corresponde al siguiente conjunto de ecuaciones diferenciales

$$\dot{x}(t) = -3x(t) + 2y(t) + z(t)$$
$$\dot{y}(t) = -y(t) - 5z(t)$$
$$\dot{z}(t) = -4z(t),$$

y efectuar la simulación. Graficar en el *espacio fase* tridimensional $(x(t), y(t), z(t))$. SUGERENCIA PARA USUARIOS DE `scilab`. Realizar la simulación en `xcos` y exportar los datos al espacio de trabajo de `scilab`, graficando por medio de `parm3d`. .

5. Elaborar el diagrama de bloques para simulación que corresponde al siguiente conjunto de ecuaciones diferenciales

$$\dot{x}(t) = 10\big(y(t) - x(t)\big)$$
$$\dot{y}(t) = x(t)\big(28 - z(t)\big) - y(t)$$
$$\dot{z}(t) = x(t)y(t) - \tfrac{8}{3}z(t),$$

y efectuar la simulación. Graficar en el *espacio fase* tridimensional $(x(t), y(t), z(t))$. SUGERENCIA PARA USUARIOS DE `scilab`. Realizar la simulación en `xcos` y exportar los datos al espacio de trabajo de `scilab`, graficando por medio de `parm3d`. .

2.5 Notas y referencias

Todos los preliminares matemáticos necesarios para comprender cabalmente los temas del libro pueden consultarse en [Kurmyshev and Sánchez-Yáñez, 2003]. Para un manejo un poco más extenso de los usos de la transformada de Laplace se recomienda [Spiegel, 1999], mientras que la obra de consulta teórica por excelencia es [Doetsch, 1974]. Los preliminares se pueden profundizar en obras de consulta como [Myskis, 1975]. Al final de este capítulo, así como los ejercicios, se hace referencia al uso de `scilab` . En el capítulo 7, cuyo contenido puede leerse de manera independiente al resto del texto, se explica el uso de este software para quienes deseen incursionar en su empleo. En [Burden and Faires, 2011] y [Chapra and Canale, 2007] se describen extensivamente métodos numéricos para la solución aproximada de ecuaciones diferenciales.

Capítulo 3

Modelado de sistemas físicos

Mathematics is an experimental science, and definitions do not come first, but later on [1]
–Oliver Heaviside

3.1 Leyes físicas y ecuaciones dinámicas

Las leyes físicas describen el comportamiento de los sistemas desde del punto de vista de fenómenos que son observados. Así, por ejemplo un sólido cualquiera, por ejemplo una barra de metal, se comporta de acuerdo con distintas leyes físicas, cada una de las cuales describe un aspecto de la realidad de dicho objeto: las leyes del movimiento de Newton describen su desplazamiento, por ejemplo, durante su descenso dentro de un estanque lleno de agua, la ley de Ohm describe el paso de corriente de acuerdo con el voltaje aplicado entre los extremos, y la ley de Fourier describe de manera aproximada el fenómeno de transferencia de calor entre un extremo en contacto con una fuente de calor y otro extremo libre. Esto nos da la idea de que un mismo objeto puede considerarse, cada vez, como un sistema mecánico, eléctrico, o térmico, según el fenómeno que se busque analizar. No obstante lo anterior, en las aplicaciones de ingeniería, hay objetos que se analizan primordialmente como sistemas o componentes de sistemas de cierto tipo. Tal es el caso de las bobinas, que por lo común se analizan como componentes de sistemas eléctricos, o las poleas, que comúnmente se consideran como componentes de sistemas mecánicos.

Por otra parte, es posible obtener un mayor provecho del análisis aplicando las leyes físicas cuando se les utiliza para describir no solamente la relación entre cantidades determinadas en cierto instante específico, sino también la manera en que esta relación cambia conforme transcurre el tiempo. Así, pensando en la barra metálica descendiendo dentro de un estanque de agua, no solamente se busca establecer su velocidad en un instante determinado, sino predecir si dicha velocidad tomará o no un valor constante al cabo de cierto tiempo (antes de que la barra alcance el fondo). Las ecuaciones que describen la evolución de dichas

---

[1] Oliver Heaviside (1850-1925), ingeniero eléctrico y físico-matemático inglés. Autodidacta, entre sus innumerables aportaciones está el uso de métodos operacionales formalizados después con ayuda de la integral de Laplace. Precursor en el uso del cálculo vectorial, su carácter independiente y desapego a los formalismos superfluos, tanto en lo matemático como en lo social, hicieron turbulentas sus relaciones con el estamento científico de su época.

variables en el tiempo se denominan ecuaciones dinámicas y generalmente son ecuaciones diferenciales.

3.2 Sistemas mecánicos

3.2.1 Movimiento traslacional

Nota sobre la derivada de un vector

Un vector $\mathbf{v}(t)$ puede expresarse según sus tres componentes con respecto a un sistema cartesiano de coordenadas, con los vectores unitarios básicos $\mathbf{i}$, $\mathbf{j}$ y $\mathbf{k}$,

$$\mathbf{v}(t) = v_x(t)\mathbf{i} + v_y\mathbf{j} + v_z\mathbf{k}. \tag{3.1}$$

Si las componentes del vector son, además, funciones diferenciables, la derivada de un vector puede expresarse en términos de las respectivas componentes:

$$\dot{\mathbf{v}}(t) = \frac{d\mathbf{v}(t)}{dt} = \frac{dv_x(t)}{dt}\mathbf{i} + \frac{dv_y(t)}{dt}\mathbf{j} + \frac{dv_z(t)}{dt}\mathbf{k}. \tag{3.2}$$

Relaciones cinemáticas

La posición de cualquier punto en el espacio se describe por medio de un vector de posición. Dicho punto cambia de posición en cada instante de tiempo durante el movimiento, es decir la posición es una función del tiempo. Si $\mathbf{r}$ es el vector de posición, entonces

$$\mathbf{r} = \mathbf{r}(t). \tag{3.3}$$

$$\mathbf{v}(t) = \frac{d\mathbf{r}(t)}{dt} \tag{3.4}$$

De manera similar se define la aceleración, como la razón de cambio instantánea de la velocidad, es decir

$$\mathbf{a}(t) = \frac{d\mathbf{v}(t)}{dt}. \tag{3.5}$$

Concatenando las ecuaciones (3.4) y (3.5), se obtiene la relación entre el desplazamiento y la aceleración

$$\mathbf{a}(t) = \frac{d^2\mathbf{r}(t)}{dt^2}. \tag{3.6}$$

De manera abreviada, la velocidad y aceleración se pueden representar colocando un punto sobre el símbolo que representa a la variable en cuestión.

$$\mathbf{v}(t) = \dot{\mathbf{r}}(t), \quad \mathbf{a}(t) = \dot{\mathbf{v}}(t) = \ddot{\mathbf{r}}(t) \tag{3.7}$$

Son las leyes de Newton las que constituyen la base, por excelencia, del estudio de sistemas mecánicos. Aún cuando los avances posteriores en la física han establecido que son leyes que se cumplen bajo un conjunto de condiciones muy particulares, su aplicabilidad práctica en problemas de ingeniería ha resultado indiscutible.

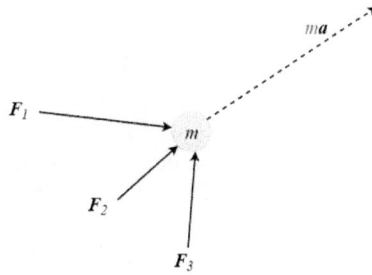

Figura 8: Ilustración de la segunda ley de Newton.

1a. LEY DE LA INERCIA. Todo cuerpo tiende a permanecer en estado de reposo, o bien seguir en movimiento rectilíneo uniforme, a menos que se le aplique una fuerza neta. Esta condición se puede expresar como una suma vectorial, conocida como la *condición de equilibrio* traslacional:

$$\Sigma \mathbf{F} = 0. \tag{3.8}$$

2a. LEY DE LA ACELERACIÓN. La resultante de la suma de fuerzas que actúan sobre un cuerpo es igual al producto de la masa por la aceleración. Esta ley puede expresarse como

$$\Sigma \mathbf{F} = m\mathbf{a}. \tag{3.9}$$

3a. LEY DE LA ACCIÓN Y LA REACCIÓN. Cuando un cuerpo ejerce una fuerza sobre otro, el segundo cuerpo ejerce sobre el primero una fuerza de igual magnitud, pero de sentido opuesto. Si a la primera de las fuerzas la denominamos $\mathbf{F}_{12}$ y a la fuerza de reacción la denominamos $\mathbf{F}_{21}$, esta ley se puede expresar com

$$\mathbf{F}_{21} = -\mathbf{F}_{12}. \tag{3.10}$$

La aplicación de la primera ley es la base de los análisis del equilibrio en piezas mecánicas, miembros estructurales y construcciones enteras. La segunda ley permite efectuar análisis de fuerzas a los cuerpos sometidos a cambios en velocidad. A pesar de que posteriormente se han formulado leyes más generales, de las cuales hablaremos posteriormente, a partir de las cuales es posible obtener la ecuación (3.9) como caso particular, sigue considerándose, por su simplicidad, como piedra angular en el análisis dinámico. La tercera ley permite, entre otros muchos análisis, determinar la transmisión de fuerzas en sistemas que constan de un conjunto de cuerpos rígidos en movimiento, tal y como es el caso de los mecanismos utilizados en un sinnúmero de aplicaciones.

Resorte lineal

En la figura 9 se muestra un resorte lineal, es decir, que sigue la ley de Hooke. A la izquierda, se contrasta la longitud sin deformar del resorte, l_0, con la longitud que adquiere cuando se le aplica una fuerza F. La diferencia entre su longitud sin deformar y la longitud deformada se denomina elongación. En el caso de que la fuerza aplicada sea de compresión, y de que existan las restricciones al movimiento de tal manera que la única deformación del resorte sea en el sentido de la fuerza aplicada longitudinalmente, (lo cual puede lograrse a través de guías de movimiento u otros medios auxiliares) el resorte disminuirá su longitud. En este sentido el término *elongación* se considera una cantidad algebraica, que puede tener uno u otro signo: positivo en el caso de fuerzas de tracción, y negativo en caso de fuerzas de compresión. La ley de Hooke simplemente establece que la deformación experimentada por el resorte es proporcional al la fuerza aplicada. Como muchos modelos ampliamente utilizados, esta ley solamente se cumple dentro de un intervalo restringido de valores, fuera del cual puede cambiar la configuración física del resorte: si se le estira demasiado, hasta deshacer las espiras, ya no se comportará como un resorte, sino como un alambre estirado y la fuerza necesaria para lograr un mínimo estiramiento adicional sería mucho mayor. Por el contrario, si se le contrae a tal punto que las espiras se cierran, suponiendo que no se pandeara, la presión para lograr un poco más de deformación sería tan grande como cuando se intenta comprimir un bloque sólido hecho del mismo material del resorte. Pero aÃžn dentro de la zona intermedia entre los dos extremos descritos, el comportamiento lineal que se muestra en la gráfica del lado derecho de la figura 7 es solamente una aproximiación, con frecuencia la curva característica fuerza-deformación es ligeramente cóncava o convexa. En el primer caso se dice que se trata de un resorte *blando* y en el segundo que se trata de un resorte *duro*. De cualquier manera, la aproximación

$$F = k\delta \tag{3.11}$$

resulta acertada para la mayor parte de las necesidades de modelado. Otro punto interesante es que, el resorte posee una masa distribuida y por lo tanto un descripción de la dinámica del movimiento del resorte debería incluir el efecto inercial de la distribución de la masa, la cual es cambiante de acuerdo con la deformación experimentada. El hecho de que la mayor parte de las veces el resorte forma parte de un sistema en el que las masas en movimiento son de mucho mayor magnitud que las del mismo resorte, hace que la aproximación obtenida sea satisfactoria la mayor parte de las veces.

La fricción viscosa

La fricción viscosa es un fenómeno que se produce debido a la oposición al movimiento relativo entre las moléculas de un fludo, o bien al movimiento relativo de las moléculas del fluído con respecto a una superficie sólida. En la figura 10 se describe un modelo simplificado de la fricción viscosa que se emplea de manera bastante habitual en las aplicaciones. La figura 10 a) ilustra el principio general de la fuerza de arrastre: un sólido con movimiento relativo con respecto a un fluido experimenta una fuerza de arrastre que se opone a dicho movimiento: el cuerpo de forma esférica se mueve con una velocidad v hacia la derecha, a consecuencia de lo cual experimenta una fuerza hacia la izquierda que se opone a dicho movimiento; se trata de una *fuerza reactiva*, es decir, sólo ocurre cuando hay movimiento

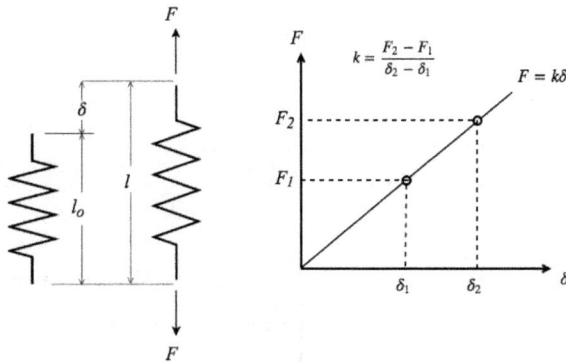

Figura 9: Resorte lineal e ilustración de la ley de Hooke.

relativo entre el cuerpo y el fluído. La figura 10 b) muestra un caso típico: el de una masa sujeta firmemente al extremo de un amortiguador viscoso y que se desplaza con una velocidad v hacia abajo. El extremo inferior del amortiguador se encuentra fijo con respecto al sistema de referencia, por lo que su velocidad es cero. La figura 10 c muestra a ambos bloques separados para indicar la fuerza transmitida: dado que los extremos del amortiguador se están acercando uno con respecto a otro, la fricción viscosa se opone y ocasiona que el amortiguador aplique una fuerza contra el bloque, la cual tiene sentido contrario a la velocidad y magnitud proporcional a la misma:

$$f = -cv. \tag{3.12}$$

Por la ley de la acción y reacción, el bloque transmite al amortiguador una fuerza en la dirección del movimiento. Dentro del cilindro del amortiguador se indican, con línea discontínua, líneas del flujo que ingresa de la cámara inferior a la cámara superior, lo cual explica la resistencia al movimiento. En la figura 10 c) se muestra el símbolo simplificado del amortiguador viscoso, el cual se emplea incluso cuando el componente mecánico en el cual ocurre la resistencia al momvimiento no sea un amortiguador viscoso con la forma de la figura 10 b), por ejemplo cuando la fricción viscosa representa la resistencia al movimiento relativo de dos superficies separadas por una delgada capa de lubricante. Por otra parte, con frecuencia se emplean amortiguadores viscosos con una masa mucho menor a la de las restantes masas en movimiento, por lo que es común despreciarl su valor. Bajo esta consideración y de acuerdo con la segunda ley de Newton, las fuerzas transmitidas en ambos extremos del amortiguador resultan idénticas, lo que simplifica enormemente el análisis de sistemas mecánicos dotados de esta función. Finalmente, en la figura 10 e), se muestra la característica ideal fuerza-velocidad del modelo de la fricción viscosa. Los amortiguadores viscosos reales presentan notables diferencias con respecto a los amortiguadores que siguen el modelo descrito en la figura 10 b)-e):

- Por una parte, el flujo interno del fluido tiene una dirección preferencial, establecida a través de válvulas antiretorno, también conocidas como válvulas *check*. Esto quiere decir que la fuerza con la cual se opone un amortiguador al movimiento de compresión

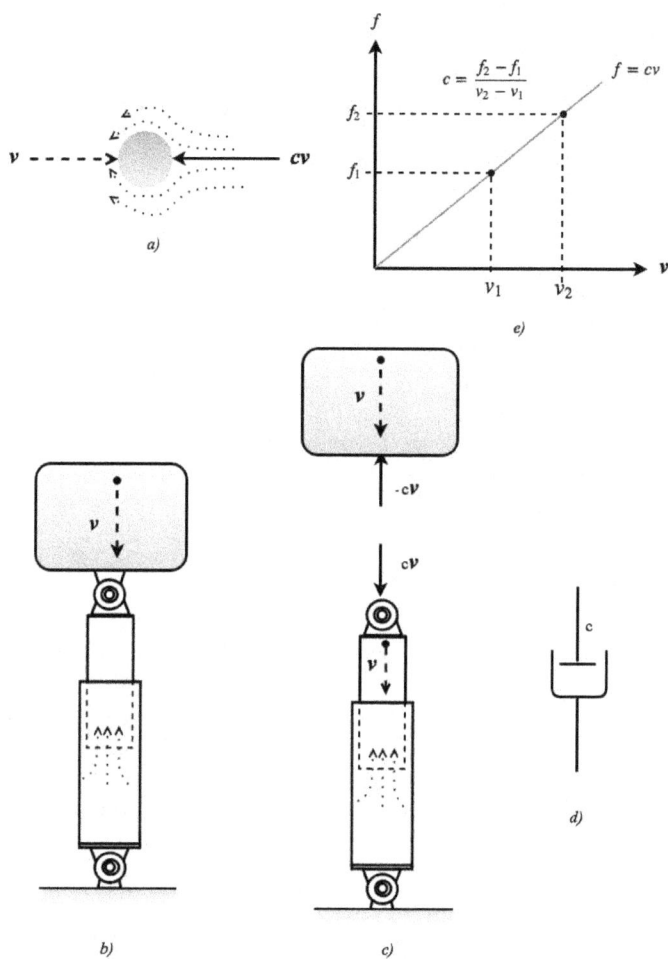

Figura 10: El modelo de la fricción viscosa.

es distinta, generalmente mayor, que la fuerza con la cual se opone al movimiento de estiramiento.

- El amortiguador real también presenta resistencia estática en reposo. Esto es, debido a factores como la presión que ejercen los sellos mecánicos empleados para evitar fugas, la resistencia al movimiento no depende solamente de la velocidad con la cual se unen y se separan los extremos del amortiguador.

A pesar de estas y otras diferencias, el modelo del amortiguador viscoso ha sido útil no solamente para sistemas mecánicos, sino para establecer analogías con sistemas dinámicos de distintas clases.

Problema del convoy con uniones elásticas

En la figura 11 se muestra un diagrama esquemático de cuatro vagones de un convoy que transporta materias primas tal y como se extraen de una mina y se tienen que transportar hasta el sitio de procesamiento primario. Con ligeras modificaciones, este diagrama puede representar los vagones de un convoy sobre rieles instalado con fines recreativos, tal y como puede ocurrir en un parque de diversiones. Existen muchos aspectos susceptibles de ser modelados y que resultan de interés en el diseño, planeación, instalación y, dado el caso, análisis de fallas, de este tipo de sistemas: desde la resistencia mecánica de las vías, de las uniones entre vagones, pasando por la potencia requerida por los motores y los esfuerzos mecánicos en las uniones. Así que antes de elaborar un modelo y darse a la tarea de escribir ecuaciones a diestra y siniestra, es necesario tener claro el objetivo para el cual se utilizará el modelo, identificando qué variables resultan de interés. Supongamos que se requiere estudiar los esfuerzos mecánicos en las uniones entre vagones, así como la aceleración a la que está sometida la carga en cada uno de los vagones como consecuencia de la aplicación de distintas fuerzas de tracción. Dado que existe una relación directa entre el esfuerzo normal y la deformación (estiramiento o compresión) a la que están sometidos los elementos mecánicos, junto con el hecho de que es posible conocer las aceleraciones cuando se conoce a los desplazamientos como función del tiempo, el modelo requerido consistirá en ecuaciones diferenciales de movimiento en las que las incógnitas serán las coordenadas de posición de los vagones mostrados en la figura, los cuales, de derecha a izquierda son q_1, q_2, q_3 y q_4. Las masas son, respectivamente m_1, m_2, m_3 y m_4. Se considerarán tres uniones, idealizadas como resortes lineales con las constantes: k_1, k_2 y k_3. Otras consideraciones que pueden ayudar son: la resistencia al rodamiento se desprecia en virtud de que la deformación de las ruedas y las vías es insignificante en relación con el movimiento, se desprecia la fricción en los rodamientos, el movimiento tiene lugar en una superficie perfectamente horizontal y por lo tanto no existen aceleraciones ni desplazamientos en el sentido vertical, se desprecia la fricción del aire, etc.

Con base en las simplificaciones anteriores, se elaboraron los diagramas de cuerpo libre de cada uno de los bloques, los cuales se muestran en la figura 12. En el diagrama de cuerpo libre del bloque de la derecha se muestran:

- La fuerza horizontal de tracción $u = u(t)$, es producida por medios externos que no se muestran y la cual no depende del sistema y por lo tanto se le considera una entrada.

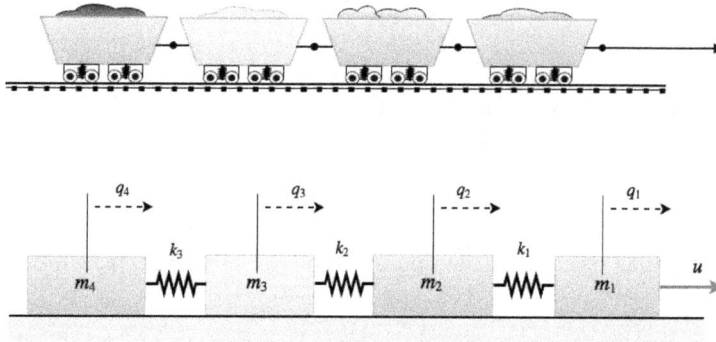

Figura 11: Sistema traslacional de cuatro grados de libertad.

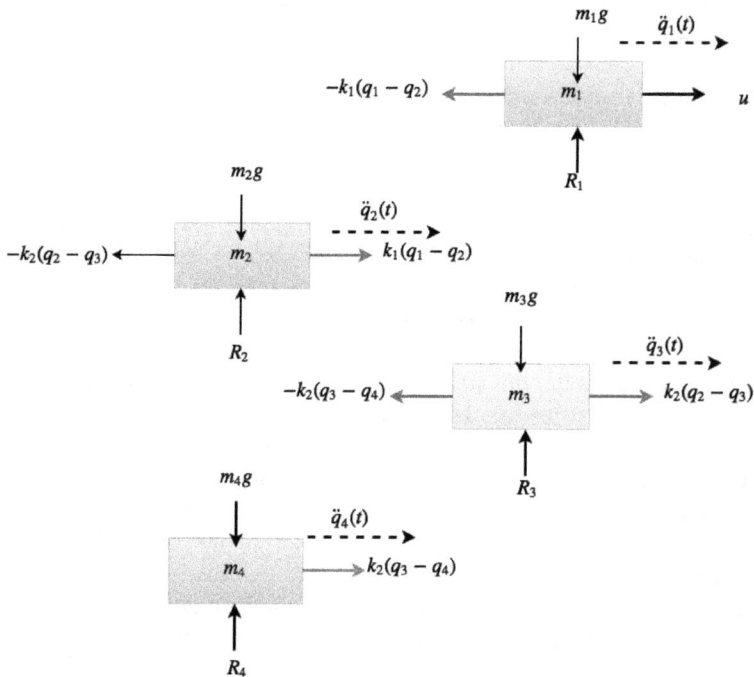

Figura 12: Diagramas de cuerpo libre de los componentes del sistema traslacional de cuatro grados de libertad.

- El peso $m_1 g$ del bloque, el cual actúa perpendicularmente a la dirección del movimiento.

- La fuerza de reacción R_1, la cual es la resultante (suma vectorial) de las reacciones con las que las vías soportan el peso del vagón.

- La fuerza transmitida a través de la unión entre el primero y el segundo vagón $-k_1(q_1 - q_2)$. Dos consideraciones importantes:

  - La magnitud se ha determinado aplicando la ley de Hooke y considerando que la deformación del resorte es exactamente igual a la diferencia entre las coordenadas q_1 y q_2. Para que esto sea rigurosamente cierto, debe considerarse que el origen de cada una de estas coordenadas es la ubicación de los respectivos centros de masa cuando el sistema se encuentra en reposo, es decir, en la posición de equilibrio de referencia $q_1 = 0$, $q_2 = 0$, $q_3 = 0$ y $q_4 = 0$, mientras que cada una de estas coordenadas será positiva o negativa si se encuentra a la derecha o a la izquierda con respecto a su respectiva posición de equilibro.

  - El signo negativo expresa el hecho de que la fuerza del acoplamiento elástico es de tracción y por lo tanto tiende a desplazar al bloque hacia la izquierda, que se considera el sentido negativo del desplazamiento. Esto ocurrirá siempre que $q_1 > q_2$, esta suposición es arbitraria, pero una vez que se ha hecho esta consideración, es indispensable respetarla y tomarla en cuenta durante el resto del análisis. (En el caso de que se considerara $q_2 < q_1$, la fuerza del resorte sería de compresión y el vector de fuerza se debería mostrar apuntando hacia la derecha).

Aplicando la segunda ley de Newton a las componentes del movimiento horizontal de este diagrama se obtiene

$$- k_1(q_1 - q_2) + u = m_1 \ddot{q}_1. \tag{3.13}$$

La ecuación diferencial de movimiento (3.13) posee las dos incógnitas q_1 y q_2, por lo que no es suficiente para determinar ambas variables. Repitiendo el análisis en el vagón con masa m_2 se tiene

$$k_1(q_1 - q_2) - k_2(q_2 - q_3) = m_2 \ddot{q}_2 \tag{3.14}$$

Nótese que la fuerza de acoplamiento entre el primero y el segundo vagón, por la ley de la acción y la reacción, actúa sobre este último hacia la derecha, por lo que en esta ecuación (3.14) se le indica con sentido positivo. En lo que respecta al tercer bloque, el análisis del movimiento horizontal produce el siguiente resultado

$$k_2(q_2 - q_3) - k_3(q_3 - q_4) = m_3 \ddot{q}_3 \tag{3.15}$$

En este momento debe quedar claro el porqué de las magnitudes y los signos considerados. Finalmente el análisis del movimiento horizontal del cuarto vagón, igualmente visualizado como bloque produce la siguiente ecuación

$$k_3(q_3 - q_4) = m_4 \ddot{q}_4 \tag{3.16}$$

reorganizando cada una de las ecuaciones diferenciales de movimiento (3.13)-(3.16) obtenemos el modelo completo de las ecuaciones dinámicas

$$
\begin{aligned}
m_1\ddot{q}_1 + k_1 q_1 - k_1 q_2 &= u \\
m_2\ddot{q}_2 + (k_1 + k_2)q_2 - k_1 q_1 - k_2 q_3 &= 0 \\
m_3\ddot{q}_3 + (k_2 + k_3)q_3 - k_2 q_2 - k_3 q_4 &= 0 \\
m_4\ddot{q}_4 + k_3 q_4 - k_3 q_3 &= 0
\end{aligned}
\tag{3.17}
$$

El sistema no homogéneo de ecuaciones diferenciales (3.17), describe un sistema dinámico de octavo orden, ya que para resolverlo, ya sea numérica o analíticamente, es necesario conocer, además de la función $u(t)$, los ocho valores iniciales

$$q_1(0), \qquad q_2(0), \qquad q_3(0), \qquad q_4(0), \tag{3.18}$$

$$\dot{q}_1(0), \qquad \dot{q}_2(0), \qquad \dot{q}_3(0), \qquad \dot{q}_4(0). \tag{3.19}$$

Modelo del cuarto de vehículo

En la figura 13 se muestra el esquema del modelo del cuarto del vehículo. El bloque inferior, representa a la llanta con masa m y coordenada vertical de posición z_1, mientras que el bloque superior, el cual tiene coordenada de posición z_2 y masa M, representa a la cuarta parte del vehículo, incluyendo la carrocería y la parte proporcional de la masa de la carga y los pasajeros. Cada una de las coordenadas se mide con respecto a la posición de equilibrio de la masa en reposo cuando la llanta se encuentra sobre una cierta superficie rígida de referencia, de esta manera, al efectuar la suma de fuerzas, y considerarando que el resorte es lineal, los términos debidos a la gravedad se cancelarán con los términos debidos a la deformación estática de cada uno de los resortes, de tal manera que con esta elección de coordenadas, las ecuaciones de movimiento no incluirán ningún término que dependa del peso de los bloques, de ahí que los vectores que representan al peso de cada una de las masas en los diagramas de cuerpo libre aparezcan tachados. El modelo supone que, aún cuando el vehículo registra movimiento tanto en dirección vertical como en la horizontal, se trata de movimientos desacoplados, además del hecho de que la velocidad de traslación horizontal es constante y el recorrido se efectúa sobre una superficie plana. De esta forma, las fuerzas que influyen en el desplazamiento vertical se deben únicamente a la rugosidad del camino, representadad por $\rho(x)$. Debido a la suposición de que la velocidad es constante y rectilínea, si se le denomina como $x = vt$. esta se puede expresar como $\rho(x) = \rho(vt) = r(t)$ En la figura 14 se indican los diagramas de cuerpo libre de los elementos principales del modelo de cuarto de vehículo. Los vectores que representan a la contribución de la gravedad, es decir, el peso de cada bloque, se muestran testados, para indicar que en las ecuaciones de movimiento esos términos finalmente se cancelan por las compontentes de las fuerzas elásticas que corresponden a la posición de equilibrio. Considérense, en primera instancia, *todas* las fuerzas que se indican en el diagrama de cuerpo libre de la figura 13 izquierda:

Mg : el peso del cuarto de vehículo.

F_{k_1} : la fuerza debida a la deformación del resorte k_1. Para indicar su sentido tentativo en el diagrama de cuerpo libre, es necesario suponer el signo de la diferencia entre las coordenadas z_1 y z_2. Por lo tanto supóngase momentáneamente que $z_2 > z_1$, esta

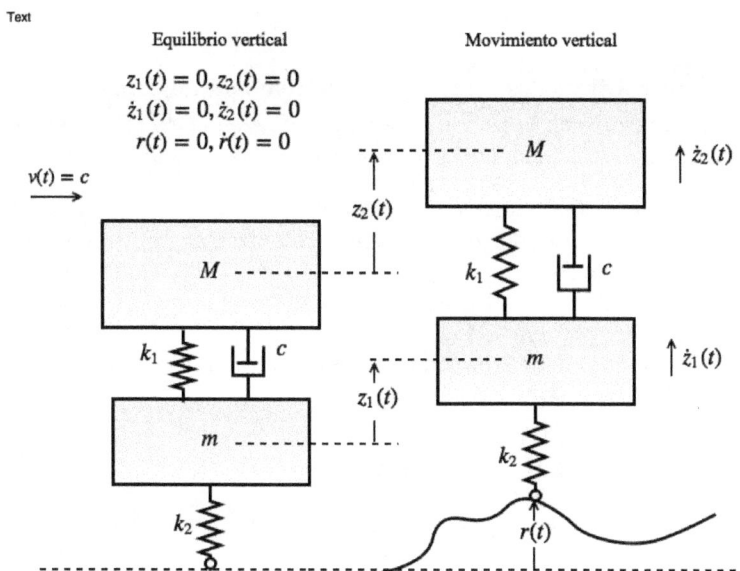

Figura 13: Esquema del modelo de cuarto de vehículo.

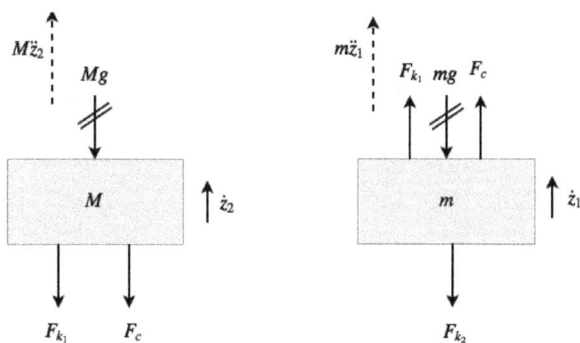

Figura 14: Diagrama de cuerpo libre de los componentes del cuarto de vehículo.

suposición aunque es arbitaria, debe mantenerse consistente a lo largo de todo el análisis. De esta manera esta fuerza vale

$$F_{k_1} = k_1(z_2 - z_1 + \delta_{st}^{(1)}), \tag{3.20}$$

es decir, esta fuerza tiene dos componentes: la componente debido a la deformación estática $\delta_{st}^{(1)}$ del resorte en la posición de equilibrio, es decir $k_1\delta_{st}^{(1)}$, así como la componente debida al desplazamiento con respecto a dicha posición., es decir $k_1(z_2 - z_1)$.

F_c : la fuerza debida al amortiguador viscoso, la cual es proporcional a la velocidad relativa con la cual se separan (o se acercan) los extremos de dicho componente. Su magnitud es, por lo tanto

$$F_c = c(\dot{z}_2 - \dot{z}_1). \tag{3.21}$$

La aplicación de la segunda ley de Newton da como resultado

$$-F_{k_1} - F_c - Mg = M\ddot{z}_2$$
$$-k_1(z_2 - z_1 + \delta_{st}^{(1)}) - c(\dot{z}_2 - \dot{z}_1) - Mg = M\ddot{z}_2 \tag{3.22}$$

Por definición, en la posición de equilibrio en reposo

$$\ddot{z}_2 = 0, \qquad\qquad \dot{z}_1 = 0, \qquad\qquad \dot{z}_2 = 0, \tag{3.23}$$

por otra parte, *escogiendo la posición de equilibrio como el origen de referencia para cada coordenada*, se cumple la siguiente relación

$$z_1 = 0, \qquad z_2 = 0 \qquad \text{cuando} \qquad \ddot{z}_2 = 0, \qquad \dot{z}_1 = 0, \qquad \dot{z}_2 = 0, \tag{3.24}$$

sustituyendo las condiciones (3.24) en la ecuación de movimiento (3.22) se obtiene el valor de la componente de la fuerza F_{k_1} en la posición de equilibrio estático

$$k_1\delta_{st}^{(1)} = Mg \tag{3.25}$$

finalmente, sustituyendo la expresión (3.25) en la ecuación de movimiento (3.22) se comprueba que ambos términos se cancelan mutuamente, así que después de reordenar los términos, se obtiene la ecuación de movimiento que corresponde a la parte superior del modelo del cuarto del vehículo

$$M\ddot{z}_2 + c\dot{z}_2 + k_1 z_2 - c\dot{z}_1 - k_1 z_1 = 0. \tag{3.26}$$

Es de notarse que la ecuación (3.31) es la misma que se habría obtenido si se hubiera ignorado el vector Mg, por lo cual es práctica común en textos de control de sistemas, de vibraciones mecánicas similares ignorar este término sin ninguna explicación. En lo que respecta al diagrama de cuerpo libre representado en la Figura (14), las fuerzas que actúan sobre el bloque de masa m (el cual, hay que recordar, representa al neumático) son las siguientes

mg : peso del cuerpo.

F_{k_1} : fuerza comunicada por el resorte con la constante k_1, con la misma magnitud y línea de acción que la fuerza correspondiente al cuerpo con masa M, pero con sentido contrario.

F_c : fuerza comunicada por el amortiguador viscoso caracterizado por la constante c, con la misma magnitud y línea de acción que la fuerza correspondiente al cuerpo con masa M, pero con sentido contrario.

F_{k_2} : fuerza correspondiente al resorte con constante k_2, que idealiza la deformación elástica del neumático. Como parte de dicha idealización se encuentra el hecho de que el modelo considera posible que el neumático actúe como resorte a tracción y no solamente a compresión, lo cual físicamente es imposible, pero el hecho de incluir un comportamiento distinto a compresión y otro a tracción introduce una no-linealidad por discontinuidad que resulta complicado de tratar tanto analítica como numéricamente, además de que el modelo lineal ha mostrado bastante consistencia con respecto a los datos experimentales. El valor de esta fuerza es, por lo tanto

$$F_{k_2} = k_2(z_1 - r + \delta_{st}^{(2)}). \tag{3.27}$$

Al igual que en el caso del diagrama de cuerpo libre anterior, esta fuerza posee una componente debida a la deformación estática con valor de $k_2\delta_{st}^{(2)}$. Además, se ha supuesto que $z_2 > r$, lo cual no resulta en ningún inconveniente (se puede suponer la desigualdad en sentido opuesto y, si se procede con cuidado, la ecuación de movimiento será exactamente igual).

Aplicando la segundo ley de Newton al diagrama de cuerpo libre de la figura (14) derecha

$$F_{k_1} + F_c - F_{k_2} - mg = m\ddot{z}_1$$
$$k_1(z_2 - z_1 + \delta_{st}^{(1)}) + c(\dot{z}_2 - \dot{z}_1) - k_2(z_1 - r + \delta_{st}^{(2)}) - mg = m\ddot{z}_1 \tag{3.28}$$

aplicando las condiciones (3.24) de la posición de equilibrio en la ecuación de movimiento (3.28) se obtiene

$$k_1\delta_{st}^{(1)} + k_2 r - k_2\delta_{st}^{(2)} - mg = 0 \tag{3.29}$$

sustituyendo el valor conocido $k_1\delta_{st}^{(1)} = Mg$ se obtiene la expresión para la componente del desplazamiento estático en la posición de equilibrio, es decir

$$k_2(\delta_{st}^{(2)} - r) = (M - m)g \tag{3.30}$$

aún cuando la expresión (3.30) es válida para cualquier elevación r tal que el sistema esté en equilibrio, lo más simple es considerar $r = 0$, por lo tanto $k_2\delta_{st}^{(2)} = (M - m)g$. Sustituyendo los valores conocidos $k_1\delta_{st}^{(1)}$ y $k_2\delta_{st}^{(2)}$ en la ecuación de movimiento (3.28) y reordenando términos se obtiene la segunda ecuación de movimiento

$$m\ddot{z}_1 + (k_1 + k_2)z_1 + c_1\dot{z}_1 - c\dot{z}_2 - k_1 z_2 = k_2 r. \tag{3.31}$$

Las ecuaciones de movimiento (3.26) y (3.31) constituyen el modelo lineal del cuarto del vehículo.

$$M\ddot{z}_2 + c\dot{z}_2 + k_1 z_2 - c\dot{z}_1 - k_1 z_1 = 0$$
$$m\ddot{z}_1 + (k_1 + k_2)z_1 + c_1\dot{z}_1 - c\dot{z}_2 - k_1 z_2 = k_2 r. \tag{3.32}$$

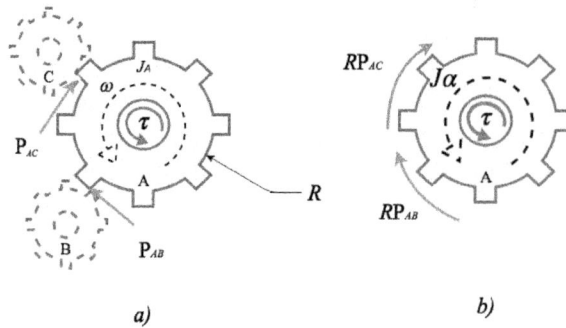

Figura 15: Movimiento de un cuerpo con rotación plana alrededor de un eje fijo.

3.2.2 Movimiento rotacional

La utilidad de las leyes de movimiento de Newton reside en que, después de un análisis fundamentado, es posible obtener expresiones derivadas que se extienden al análisis de movimiento en el cual, además del movimiento traslacional, exista movimiento de rotación, o ambos tipos de movimiento de manera combinada.

Momento de una fuerza

El momento de una fuerza $\mathbf{F}$ aplicada en un punto P con respecto a un punto O, ambos puntos situados en un cuerpo rígido, es una cantidad vectorial cuyo módulo es igual al producto de la distancia del punto P al punto O, por la componente de la fuerza perpendicular a dicha distancia. Si al vector de posición entre ambos puntos se le denomina como $\mathbf{r}$, entonces el momento queda completamente determinado por el producto vectorial:

$$M = r \times F \tag{3.33}$$

El resultado de la operación descrita en (3.33) es un vector perpendicular al plano que forman $\mathbf{F}$ y $\mathbf{r}$. Su unidad de medida en el sistema internacional de unidades son el Newton-metro [N·m]. Muchos problemas relevantes relacionados con el cálculo de momentos, involucran sistemas fuerzas coplanares, por lo que no resulta indispensable utilizar la notación vectorial como en (3.33). Al momento de torsión se le conoce también como *torque*, *torca*, *par de fuerzas* o simplemente *par*. En realidad se trata de conceptos ligeramente distintos, pero debido a que sus efectos son equivalentes, en la práctica de ingeniería se les utiliza como sinónimos.

En el caso del movimiento plano, en el cual todos los vectores de posición, velocidad traslacional, fuerzas y aceleraciones son coplanares, en lugar de la ecuación (3.33) se puede emplear la expresión simplificada

$$M = rF\,\mathrm{sen}\,\theta, \tag{3.34}$$

donde M es es la magnitud del par $\mathbf{M}$, r es la longitud del brazo de palanca, igual a la longitud del vectro de posición $\mathbf{r}$, F es la magnitud de la fuerza $\mathbf{F}$ aplicada en el extremo de $\mathbf{r}$ y θ es el ángulo entre la líneas de acción de ambos vectores. En la figura 15 se muestra un ejemplo: cada uno de los engranes pequeños transmite una fuerza al engrane mayor a través de sus respectivos puntos de contacto (P_{AB} y P_{AC}). Idealmente se trata de una fuerza tangencial a la circunferencia nominal del engrane; considerando que el brazo de palanca es la longitud del segmento que va del centro de rotación al punto de contacto (es decir, el radio de R de la circunferencia nominal, el ángulo entre la fuerza aplicada y el brazo de palanca es de 90°, por lo que los momentos tendrán las respectivas magnitudes RP_{AB} y RP_{AC}.

Leyes de movimiento rotacional

Las leyes que rigen el movimiento rotacional son más complejas que las que describen el movimiento traslacional. Sin embargo, bajo ciertas condiciones, es posible obtener expresiones que facilitan el análisis de movimiento de cuerpos rígidos en situaciones que resultan comunes en ingenierína. La condición de equilibrio rotacional es completamente análoga a la primera ley de Newton: la suma de los momentos aplicados alrededor que cualquier punto es igual a cero, escrito en forma de ecuación

$$\Sigma\mathbf{M} = 0. \tag{3.35}$$

A partir de las leyes que rigen el movimiento angular, en particular la ley del cambio de momento angular, considerando el caso especial de movimiento en torno a un eje fijo, Se pueden entonces expresar la relación que guardan entre sí la aceleración angular y el par resultante aplicado a un cuerpo que posee un momento de inercia J con respecto al centro de masa:

$$\Sigma\mathbf{M} = J\boldsymbol{\alpha}. \tag{3.36}$$

En relación con la ecuación (3.36), debe tenerse presente que no existe ley de Newton en sentido rotacional, sin embargo la aplicación de los principios físicos, bajo ciertas limitaciones, da lugar a una expresión análoga a la segunda ley.

En la figura 16 se muestra el esquema de un resorte torsional en el cual uno de sus extremos se encuentra fijo, de manera que la deformación angular por torsión se debe únicamente a giro de un punto contenido en un plano perpendicular al eje de rotación. Es el análogo al resorte traslacional y su comportamiento se puede describir en términos semejantes a los de la ley de Hooke, con el par T tomando el lugar de la fuerza F, y la deformación angular θ tomando el lugar de la deformación lineal

$$T = k\theta. \tag{3.37}$$

Finalmente, al considerar la transmisión de fuerzas a través de los puntos de contacto entre dos cuerpos, se puede establecer una expresión para la ley de la acción y la reacción en el movimiento rotacional

$$\mathbf{M}_{12} = -\mathbf{M}_{21}. \tag{3.38}$$

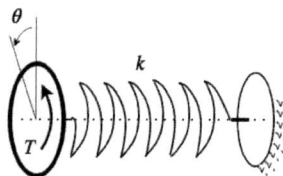

Figura 16: Resorte torsional.

Movimiento rotacional de una carga acoplada elásticamente

En la figura 17 se muestra un sistema mecánico de uso común para elevar cargas: un malacate de empleo común en elevadores sencillos, vagones en tiros de minas, así como equipamiento automotriz (comúnmente conocido como *wincher*). En dicha figura, la masa del rotor tiene un momento de inercia J_1 con respecto al eje horizontal de rotación, la aplicación del par M, generalmente de origen electromagnético, ocasiona un desplazamiento angular, denotado por θ_1. El movimiento encuentra la oposición de un par de fricción viscosa que es proporcional al velocidad angular $\dot{\theta}_1$. El rotor se encuentra acoplado con un cilindro por medio de un conector mecánico flexible que puede considerarse, para efectos del análisis dinámico, como un resorte torsional. Existe una gran variedad de razones para escoger un acoplamiento elástico: ligereza, ahorro en materiales o protección de los componentes delicados como los baleros, bujes y chumaceras. Por el lado de la carga, el cilindro (también llamado tambor) de radio r tiene un momento de inercia J_2 con respecto al eje de rotación, así como una coordenada θ_2; alrededor del mismo se enrolla un cable considerado inextensible, sin resbalamiento y de masa despreciable, en un extremo del cual pende una masa m restringida a moverse únicamente en dirección vertical, ya sea ascendente o descendente. La rigidez del cable y su enrollamiento ideal con el tambor, dan como resultado que se cumplan las siguientes relaciones cinemáticas

$$\theta_2 = \frac{y}{r} \qquad\qquad \dot{\theta}_2 = \frac{\dot{y}}{r} \qquad\qquad \ddot{\theta} = \frac{\ddot{y}}{r}. \qquad (3.39)$$

La relaciones cinemáticas implican que el valor de la variable y determina completamente a θ y viceversa. El sistema mecánico completo es, por lo tanto un sistema de dos grados de libertad: la posición de todos los puntos del sistema se determina conociendo solamente θ_1 junto con θ_2, o bien θ_1 junto con y, teniendo como datos a los parámetros del sistema y al par aplicado M. El diagrama de cuerpo libre del malacate se muestra en la figura 18. En el diagrama de cuerpo libre del rotor intervienen los siguientes momentos de torsión.

M : el par externo, la mayor parte de las veces de origen electromagnético.

$c_1\dot{\theta}_1$: el par de fricción viscosa, que siempre presenta sentido contrario al del movimiento.

T_r : el par transmitido por medio del acoplamiento elástico rotacional, $T_r = -k(\theta_1 - \theta_2)$.

Aplicando la ecuación para el movimiento rotacional con respecto a un eje fijo

$$\begin{aligned} M - T_r - c_1\dot{\theta}_1 &= J_1\ddot{\theta}_1 \\ M - k(\theta_1 - \theta_2) - c_1\dot{\theta}_1 &= J_1\ddot{\theta}_1. \end{aligned} \qquad (3.40)$$

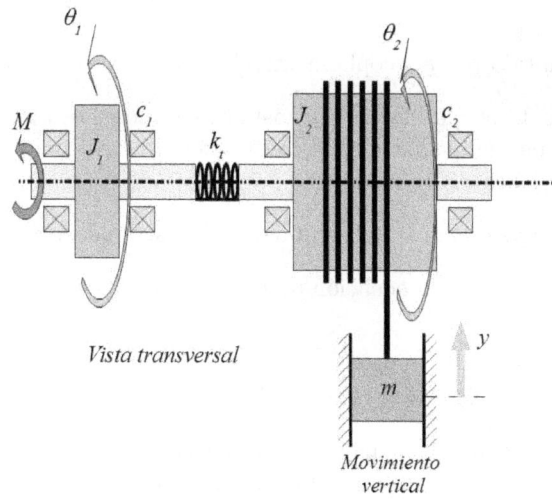

Figura 17: Sistema rotacional. La entrada es el par aplicado externamente.

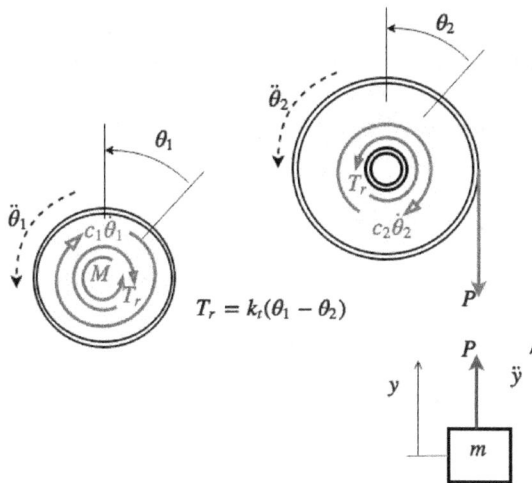

Figura 18: Diagramas de cuerpo libre del sistema de izaje.

Por su parte las ecuaciones de movimiento que corresponden al tambor en torno al cuál se enrolla el cable de manera ideal involucran el conocimiento de los paras que actúan sobre dicho componente

T_r : el par transmitido por el acoplamiento elástico $T_r = k(\theta_1 - \theta_2)$.

rP : el par producido por la fuerza P transmitida de manera ideal por el cable: se trata de una fuerza perpendicular tanto al radio del cilindro como al eje de rotación, con un brazo de palanca r.

$c_2\dot{\theta}_2$: par de fricción viscosa, el cual se opone a la velocidad de rotación.

Con los elementos enlistados, la ecuación de movimiento es

$$T_r - c_2\dot{\theta}_2 - Pr = J_2\ddot{\theta}_2$$
$$k(\theta_1 - \theta_2) - c_2\dot{\theta}_2 - Pr = J_2\ddot{\theta}_2. \tag{3.41}$$

Finalmente queda el análisis del diagrama de cuerpo libre del bloque que es necesario levantar, el cual posee masa m; la única fuerza que se considera en este modelo es el peso, (no se muestran las fuerzas de restricción ejercidas por las paredes o guías de movimiento, las cuales ocasionan equilibrio traslacional en la dirección horizontal), así que la ecuación de movimiento es

$$P - mg = m\ddot{y}. \tag{3.42}$$

Las ecuaciones (3.40), (3.41) y (3.42) junto con las restricciones (3.39), forman un conjunto de cuatro ecuaciones algebraico-diferenciales con las cuatro incógnitas θ_1, θ_2, P y y, sin embargo, bajo las suposiciones que se formularon, en particular la inextensibilidad del cable, se trata de un sistema mecánico de dos grados de libertad, por lo que se requieren solamente dos variables y sus respectivas ecuaciones diferenciales de segundo orden. Por ejemplo, si se desea conocer únicamente el comportamiento dinámico del movimiento de las masas rotacionales, entonces las variables adecuadas son θ_1 y θ_2. Escogiendo esta elección es posible utilizar a las ecuaciones (3.42) y (3.39) para eliminar a las restantes incógnitas P y y:

$$P = (g + \ddot{y})m, \qquad \ddot{y} = r\ddot{\theta}_2, \qquad \Longrightarrow \qquad P = (g + r\ddot{\theta}_2)m. \tag{3.43}$$

Sustituyendo (3.43) en la ecuación (3.41) y reordenando junto con la ecuacion (3.40) se obtienen las ecuaciones dinámicas del sistema

$$J_1\ddot{\theta}_1 + c_1\dot{\theta}_1 + k\theta_1 - k\theta_2 = M \tag{3.44}$$

$$(J_2 + r^2m)\ddot{\theta}_2 + c_2\dot{\theta}_2 + k_2\theta_2 - k_1\theta_1 = mgr. \tag{3.45}$$

El péndulo simple

En la figura 19 se muestra el diagrama de cuerpo libre del péndulo simple en una posición arbitraria, pero distinta de la posición de equilibrio. El sistema de ejes cartesianos de referencia XY se encuentra fijo con respecto al suelo y se ha trazado de tal manera que, en la posición mostrada, la velocidad tangencial de la masa m coincide con la dirección

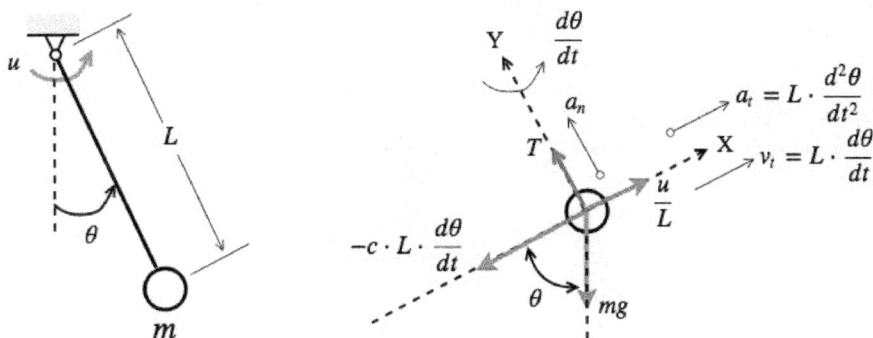

Figura 19: Péndulo simple

positiva del eje X. Este análisis no depende de la posición particular que haya seleccionado. Las fuerzas que actúan en la dirección X son la componente del peso a lo largo de dicha dirección: $mg \sin \theta$, la fuerza de arrastre debida a la fricción viscosa, la cual es proporcional a la velocidad tangencial, a la velocidad angular y a la longitud del péndulo L, es decir $cL\frac{d\theta}{dt}$ así como la fuerza $\frac{u}{L}$ transmitida a través del eslabón rígido de masa despreciable y que es resultado de la aplicación del par u en el punto pivote. Aplicando la segunda ley de Newton en dicha dirección se tiene

$$\frac{u}{L} - cL\frac{d\theta}{dt} - mg\,\mathrm{sen}\,\theta = mL\frac{d^2\theta}{dt^2}. \tag{3.46}$$

Nótese que no se incluye explícitamente la fricción en el pivote, la cual, en general puede tener una componente fija consistente en fricción de Coulomb y una componente de fricción viscosa. Después de simplificar conduce a la clásica ecuación del péndulo con fricción, la cual es una ecuación diferencial no-lineal homogénea de segundo orden.

$$\frac{d^2\theta}{dt^2} + c\frac{d\theta}{dt} + \frac{g}{L}\,\mathrm{sen}\,\theta = \frac{u}{L^2} \tag{3.47}$$

A pesar de su sencillez la ecuación tiene un carácter bastante general (3.47) y partiendo de ella se pueden obtener modelos correspondientes a distintas situaciones. Por ejemplo, si se desprecia la fricción viscosa (es decir, $c = 0$), se consideran solamente oscilaciones de amplitud reducida (es decir $\mathrm{sen}\,\theta \approx \theta$) y se analiza el movimiento fuera del equilibrio debido solamente a la acción de la gravedad ($u = 0$), se obtiene la ecuación simplificada

$$\ddot{\theta} + \frac{g}{L}\theta = 0. \tag{3.48}$$

3.3   Ejercicios sobre sistemas mecánicos

1. Una persona con una masa corporal de 75 kg se encuentra de pie en el interior de un elevador. Si durante el ascenso el elevador experimenta una aceleración de 4.905 m/s^2

hacia arriba ¿Cuál es el valor de la fuerza de reacción total que el elevador transmite a la persona a través de las plantas de los pies?

2. Un amortiguador viscoso ideal presenta una fuerza de compresión cuando sus dos extremos se aproximan uno al otro con una velocidad relativa de 5 m/s ¿Cuál es el valor del coeficiente de amortiguamiento viscoso?

3. Considérese el convoy de vagones de la figura 11, hallar las ecuaciones diferenciales del movimiento considerando la siguiente información: $m_1 = 800$ kg, $m_2 = 600$ kg, $m_3 = 750$ kg, $m_4 = 250$ kg, $k_1 = k_2 = k_3 = 75$ kN/m. Realice la simulación aplicando como entrada una función escalón con valor de 2500 N. Analizando los resultados. Graficar las deformaciones en las uniones $\delta_1 = q_1 - q_2$, $\delta_2 = q_2 - q_3$ y $\delta_3 = q_3 - q_4$, así como la aceleración $\ddot{q}_1$ y analizando los resultados responda a las siguientes preguntas

   a) ¿ Qué pareja de vagones se acerca más durante el movimiento?

   b) ¿ Qué pareja de vagones se aleja más durante el movimiento?

   c) ¿Cuál es el valor máximo de la aceleración del primer vagón?

   d) ¿Cuáles son las fuerzas máximas transmitidas por cada una de las uniones?

4. En el modelo del cuarto del vehículo, de la figura 13, considérense los siguientes parámetros $M = 1500$ kg, $m = 20$ kg, $c = 100$ N·s/m, $k_1 = 2.5 \times 10^5$, $k_2 = 1.5 \times 10^6$ con las condiciones iniciales $z_1(0) = z_2(0) = 0$ y $\dot{z}_1(0) = \dot{z}_2(0) = 0$. Simular el sistema considerando una función escalón de 0,10 m de amplitud aplicada en el instante $t = 1$. y con base en los resultados, responder a las siguientes preguntas

   a) ¿Cuál el máximo desplazamiento de la masa M y en qué instante ocurre?

   b) ¿Cuál el máximo desplazamiento de la masa m y en qué instante ocurre?

   c) ¿Cuál es el máximo acercamiento entre las masas M y m y en qué instante ocurre?

5. Considérese el sistema de bloques de la figura 20, en la cual el bloque de masa m_2 se desliza horizontalmente sin fricción sobre el bloque con masa m_1, el bloque con masa m_4 se desliza horizontalmente sin frinción sobre el bloque com masa m_3 y los bloque m_1 y m_3 se deslizan sin fricción sobre la superficie horizontal. Hallar las ecuaciones diferenciales del movimiento en términos de las funciones incógnitas q_1, q_2, y q_3 y q_4, las cuales indican las respectivas variables de posición horizontal.

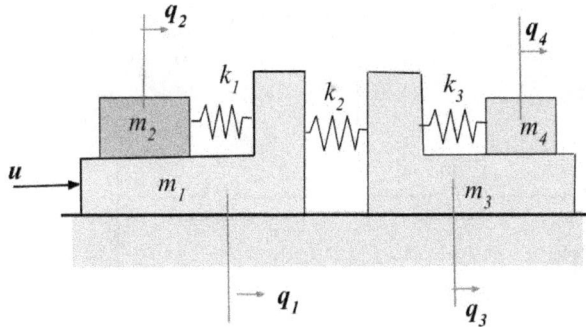

Figura 20: Bloques acoplados.

3.4 Sistemas eléctricos

Las leyes generales que gobiernan los circuitos eléctricos fueron formuladas por Karl Gustav Kirchhoff, y por ello se conocen como leyes de Kirchhoff.

1a. LEY DE KIRCHHOFF DE LAS CORRIENTES. La suma algebraica de las corrientes en un nodo es igual a cero. Simbólicamente

$$\Sigma I = 0. \tag{3.49}$$

2a. LEY DE KIRCHHOFF DE LOS VOLTAJES. La suma de las caídas de tensión en un circuito cerrado es igual a cero. En forma abreviada

$$\Sigma V = 0. \tag{3.50}$$

Las leyes de Kirchhoff son en esencia, leyes de conservación, por una parte, la ley de Kirchhoff de las corrientes expresa el hecho de que no pueden existir sumideros espontáneos de corriente. La segunda ley, por su parte, es una consecuencia de que el a cada punto en el espacio le corresponde, en cada instante, un único valor del potencial, por lo que si se efectúa un recuento de las caídas y subidas de tensión alrededor de cualquier trayectoria cerrada en una red eléctrica, el resultado debe ser el mismo, sin importar la manera en la que se efectúe el recorrido.

Considérese el circuito de la figura 21, el cual consta de los diez resistores R_1, R_2, R_3, R_4, R_5, R_6, R_7, R_8, R_9, R_{10}, así como las cuatro fuentes ideales de voltaje, identificadas por u_1, u_2, u_3 y u_4. Supóngase que las resistencias constituyen los parámetros del circuito y que los voltajes de las respectivas fuentes, identificados con los símbolos respectivamente como u_1, u_2, u_3 y u_4, son las entradas del sistema y que se desea conocer la corriente en cada una

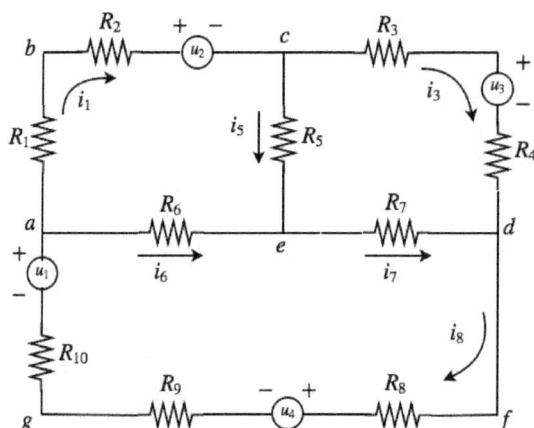

Figura 21: Circuito para el análisis usando las leyes de Kirchhoff.

de las ramasm así como el voltaje entre las terminales de la resistencia R_1. Como primer paso hay que identificar y numerar los nodos y los puntos intermedios de interés. En la figura 21 se han identificado los nodos a, c, d y e, así como el punto b que resulta de interés porque, junto con el punto a, representa una de las terminales del componente R_1. Una vez identificados los nodos, se establecen los sentidos *tentativos* de las corrientes. Se trata de sentidos tentativos porque es posible que al final del análisis se llegue a la conclusión de que una o más de las corrientes en realidad tenga sentido opuesto al indicado inicialmente. En principio, la asignación de los sentidos de las corrientes se efectúua de manera arbitraria, excepto que para que se cumpla la ley de Kirchhoff de las corrientes, se requiere que en cada nodo haya al menos una corriente que entra y al menos una corriente que sale, en caso de que falte una u otra, el nodo representaría un sumidero o una fuente de corriente, violando así el principio de la conservación de la energía. La dirección tentativa de las corrientes también influye en la aplicación de la ley de Kirhchhoff de los voltajes, debido al orden en el cual se efectúa el recorrido para contabilizar las caídas de tensión. Así pues, para escribir las ecuaciones de nodos y mallas de acuerdo con las leyes de Kirchhoff es necesario adoptar cierta convención respecto a los sentidos de las corrientes y de las caídas de tensión:

C1 Las corrientes que se indican entrando a un nodo se considerarán con signo positivo en la ecuación de dicho nodo.

C2 Las corrientes que se indican saliendo de un nodo se considerarán con signo negativo en la ecuación de dicho nodo.

C3 Cuando se atraviesa un elemento pasivo (resistencia, inductor o capacitor) en el mismo sentido que la corriente, la contribución a la ecuación de la malla es negativa, es decir, ocurre una caída de potencial.

C4 Cuando se atraviesa un elemento pasivo (resistencia, inductor o capacitor) en sentido opuesto al de la corriente, la contribución a la ecuación de la malla es positiva, por lo que ocurre una subida de potencial.

C5 Cuando se atraviesa una fuente de voltaje desde la terminal negativa ($-$) hasta la terminal positiva ($+$) por dentro del componente, la contribución a la ecuación de la malla es positiva, es decir, ocurre una subida de potencial.

C6 Cuando se atraviesa una fuente de voltaje desde la terminal positiva ($+$) hasta la terminal negativa ($-$) por dentro del componente, la contribución a la ecuación de la mallla es positiva, es decir, ocurre una caída de potencial.

Nótese que en las convenciones C5 y C6, es posible que la polaridad de la fuente sea opuesta a la polaridad favorable al sentido de la corriente.
Aplicando la ley de Kirchhoff de las corrientes a los nodos se obtiene

$$\text{Nodo } a: \qquad -i_1 - i_6 + i_8 = 0 \tag{3.51}$$

$$\text{Nodo } e: \qquad i_5 + i_6 - i_7 = 0 \tag{3.52}$$

$$\text{Nodo } c: \qquad i_1 - i_5 - i_3 = 0 \tag{3.53}$$

$$\text{Nodo } d: \qquad i_3 + i_7 - i_8 = 0 \tag{3.54}$$

Las cuatro ecuaciones (3.51)-(3.54) involucran a las seis incógnitas i_1, i_3, i_5, i_6,i_7 aí como i_8, por lo tanto, son necesarias dos ecuaciones *independientes* adicionales para determinar los valores de las incógnitas. La aplicación de la ley de Kirchhoff de los voltajes proporciona las expresiones adicionales requeridas. Para obtener la información completa del circuito, las ecuaciones de las mallas deben ser independientes y proporcionar, en su conjunto, información sobre los elementos que introducen energía al circuito. Una manera de seleccionar la mallas de acuerdo con tales requerimientos es

M1 Cada una de las mallas seleccionadas puede incluir fuentes de tensión que estén incluidas en las mallas restantes, debe contener al menos una que no esté en común con las demás.

M2 Toda fuente de voltaje del circuito debe, al menos, pertenecer a alguna las mallas seleccionadas.

Malla *abcdea*:
$$-(R_1 + R_2)i_1 - (R_3 + R_4)i_3 + R_7 i_7 + R_6 i_6 = u_2 + u_3 \tag{3.55}$$

Malla *abcedfga*:
$$-(R_1 + R_2)i_1 - R_5 i_5 - R_7 i_7 - (R_8 + R_9 + R_{10})i_8 = u_2 + u_4 - u_1 \tag{3.56}$$

Las seis ecuaciones (3.51)-(3.56) forman un conjunto de seis ecuaciones algebraicas lineales con seis incógnitas, el cual se puede escribir en forma matricial como

$$
\begin{pmatrix}
-1 & 0 & 0 & -1 & 0 & 1 \\
0 & 0 & 1 & 1 & -1 & 0 \\
1 & -1 & -1 & 0 & -1 & -1 \\
0 & 1 & 0 & 0 & 1 & -1 \\
-R_{12} & -R_{34} & 0 & R_6 & R_7 & 0 \\
-R_{12} & 0 & -R_5 & 0 & -R_7 & R_{11}
\end{pmatrix}
\begin{pmatrix}
i_1 \\ i_3 \\ i_5 \\ i_6 \\ i_7 \\ i_8
\end{pmatrix}
=
\begin{pmatrix}
0 \\ 0 \\ 0 \\ 0 \\ u_2 + u_3 \\ u_2 + u_4 - u_3
\end{pmatrix}
\tag{3.57}
$$

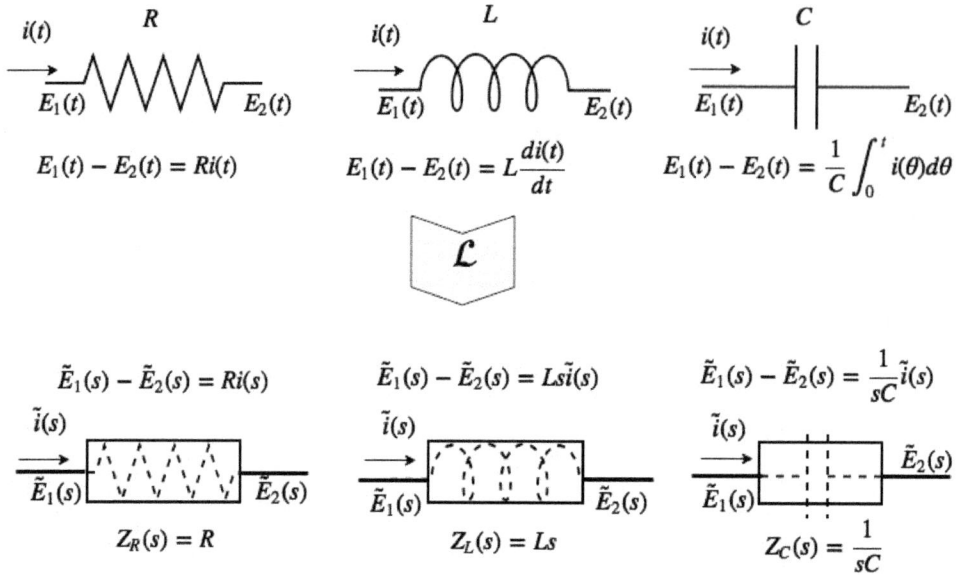

$$E_1(t) - E_2(t) = Ri(t) \qquad E_1(t) - E_2(t) = L\frac{di(t)}{dt} \qquad E_1(t) - E_2(t) = \frac{1}{C}\int_0^t i(\theta)d\theta$$

$$\tilde{E}_1(s) - \tilde{E}_2(s) = Ri(s) \qquad \tilde{E}_1(s) - \tilde{E}_2(s) = Ls\tilde{i}(s) \qquad \tilde{E}_1(s) - \tilde{E}_2(s) = \frac{1}{sC}\tilde{i}(s)$$

$$Z_R(s) = R \qquad\qquad Z_L(s) = Ls \qquad\qquad Z_C(s) = \frac{1}{sC}$$

Figura 22: Impedancias operacionales.

donde $R_{12} = R_1 + R_2$, $R_{34} = R_3 + R_4$ y $R_{11} = R_8 + R_9 + R_{10}$. El sistema de ecuaciones representado por (3.57) puede resolverse por inversión matricial siempre y cuando la matriz de los coeficientes sea no singular.

3.4.1   Características corriente–voltaje de componentes eléctricos pasivos lineales

Los componentes de un circuito eléctrico pueden ser *activos* cuando su funcionamiento involucra suministro de energía o cambios en la configuración del flujo de corriente, o *pasivos* cuando realizan su función sin necesidad de un suministro adicional de energía. Como ejemplos de los primeros se encuentran los amplificadores operacionales, transistores, memorias y circuitos integrados en general. Por otra parte, elementos pasivos son elementos que cumplen funciones de acoplamiento: resistores, inductores y capacitores.

Es de especial interés para la elaboración de modelos, conocer la relación que existe entre el voltaje aplicado y la corriente que circula entre las terminales de cualquiera de estos elementos, o bien la caída de tensión debida a la circulación de cierta corriente en tales componentes; a esta relación se le denomina *característica corriente-voltaje*. Si esta característica resulta ser lineal, entonces es posible aplicar los instrumentos matemáticos disponible para efectuar el análisis y predecir su respuesta. El elemento más sencillo es la resistencia, la cual se describe por medio de la conocida ley descrita por el físico Georg Simon Ohm:

en un circuito cerrado de corriente continua, la intensidad de la corriente que circula es directamente proporcional al voltaje aplicado es inversamente proporcional a la resistencia. De hecho, si consideramos a la caída de tensión $E_1 - E_2$ entre las terminales de un resistor como una función de la corriente (ver figura 22), la Ley de Ohm establece que dicha función estará descrita por una línea recta con intersección en el origen. En realidad esto es cierto solamente de manera aproximada: la ley de Ohm no constituye propiamente una ley de la naturaleza, sino una manifestación de que la característica corriente- voltaje es un fenómeno que puede considerarse lineal en un rango relativamente reducido de valores: en un intervalo grande de valores del voltaje, fenómenos como la superconductividad a bajas temperaturas, el calentamiento de los conductores debido al mismo paso de la corriente y la ionización de los alrededores al circular corrientes elevadas hacen que la característica corriente voltaje registre considerables variaciones y sea mejor descrita por una curva con pendiente variable. No obstante lo anterior para un gran número de aplicaciones prácticas es satisfactoria la aproximación lineal descrita por la ley de Ohm, la cual, considerando que tanto la corriente como la diferencia de potencial entre las terminales del resistor son cantidades variables con respecto al tiempo es simplemente:

$$E_1(t) - E_2(t) = i(t)R. \tag{3.58}$$

El empleo de la transformada de Laplace da como resultado una expresión completamente análoga

$$\tilde{E}_1(s) - \tilde{E}_2(s) = R\tilde{i}(s). \tag{3.59}$$

La característica corriente–voltaje de un elemento típicamente representado por una bobina, puede ser explicada a partir de la ley de inducción electromagnética de Faraday junto con la ley de Lenz. La primera, la ley de Faraday, establece que el movimiento relativo entre un campo magnético y un conductor eléctrico que forma parte de un circuito cerrado, *induce* un voltaje que es proporcional a la rapidez con la que cambia el flujo magnético que atraviesa al conductor, ya sea que el conductor se mueva con respecto al campo y este sea fijo, que el conductor esté fijo y el campo magnético se mueva, que el campo magnético aumente o disminuya frente a un condutor fijo, o bien una combinación de dos o más de las anteriores. Por su parte, la ley de Lenz establece que las tensiones o voltajes inducidos en un conductor son de tal sentido que se oponen al flujo que las produce. El caso de una bobina solenoidal simple es bastante ilustrativo: cuando la bobina se encuentra inicialmente desenergizada no habrá ningún campo magnético, supóngase ahora que en cierto instante se cierra un circuito con la bobina y una fuente de alimentación, entonces el campo magnético comenzará a aumentar gradualmente a partir de cero y por lo tanto habrá un flujo magnético que atravesará las espiras conductoras, induciendo en ellas un voltaje en sentido opuesto al voltaje aplicado. El hecho de que el voltaje inducido sea precisamente en sentido opuesto al que produce el campo, puede explicarse con base en el principio de la conservación de la energía: si, hipotéticamente, el voltaje inducido se sumara al voltaje que genera al campo, esto produciría un campo magnético con mayor intensidad que a su vez ocasionaría un aumento del voltaje, en una suerte de retroalimentación positiva, lo que equivale a la producción de energía de la bobina, adicional al de la fuente, sin ningún suministro externo. Esto viola el principio del conservación de la energía. La rapidez con la cual varía el flujo mangnético es proporcional a la rapidez con la que varía la corriente de la bobina. Para una gran variedad de distintas configuraciones geométricas, el voltaje que se opone al flujo magnético es igual a la caída de tensión entre las terminales y proporcional a la rapidez con cual varía la corriente, como en la bobina mostrada en la figura 22:

$$E_1(t) - E_2(t) = L\frac{di(t)}{dt}, \tag{3.60}$$

donde la constante de proporcionalidad L se denomina coeficiente de autoinductancia o simplemente *inductancia*. Esta característica permite, junto con las leyes de Kirchhoff de las corrientes y los voltajes, plantear ecuaciones dinámicas que involucran a los componentes de un circuito. Por otra parte al tomar la transformada de Laplace de ambos miembros de la ecuación anterior y considerando que $i(t) = 0$ cuando $t = 0$, tenemos

$$\tilde{E}_1(s) - \tilde{E}_2(s) = Ls\tilde{i}(s). \tag{3.61}$$

En el caso del capacitor, hay que recordar que se trata de un componente que consta esencialmente de dos superficies separadas por un dieléctrico, al aplicarse un voltaje E, se produce un campo eléctrico en el cual la carga total almacenada q es directamente proporcional a dicho voltaje, es decir

$$q = CV, \tag{3.62}$$

o, haciendo referencia a la figura 22 la constante de proporcionalidad C es lo que se conoce como *capacitancia*. En términos de la diferencia de potencial entre las terminales y considerando que las cantidades variables son funciones del tiempo

$$q(t) = C(E_1(t) - E_2(t)). \tag{3.63}$$

La corriente, por otra parte, es la razón de cambio de la carga eléctrica

$$i(t) = \frac{dq(t)}{dt}. \tag{3.64}$$

El teorema fundamental del cálculo permite expresar la relación anterior como

$$q(t) = \int_0^t i(\theta)d\theta. \tag{3.65}$$

sustituyendo en la definición de capacitancia obtenemos la relación corriente–voltaje del capacitor, en el dominio del tiempo

$$E_1(t) - E_2(t) = \frac{1}{C}\int_0^t i(\theta)d\theta \tag{3.66}$$

finalmente aplicando la transformada de Laplace a ambos miembros de esta expresión se obtiene la expresión de esta característica en el dominio operacional

$$\tilde{E}_1(s) - \tilde{E}_2(s) = \frac{1}{sC}\tilde{i}(s). \tag{3.67}$$

En cada una de las relaciones operacionales (3.59), (3.61) y (3.67) se puede hallar un patrón común que siguen las transformadas de Laplace involucradas: el voltaje o diferencia de potencial $\tilde{E}_1(s) - \tilde{E}_2(s)$ se puede hallar multiplicando a la corriente $\tilde{i}(s)$ por un *factor de proporcionalidad*, aún cuando dicho factor no es, en general, constante, sino que depende de la variable s. Por conveniencia se le denomina *impedancia operacional* y su forma específica depende de la naturaleza del componente. Las impedancias operacionales y su relación con las características corriente-voltaje se ilustran en la figura 22

$$\begin{aligned}
Z_R(s) &= R, \text{ impedancia resistiva,} \\
Z_L(s) &= Ls, \text{ impedancia inductiva,} \\
Z_C(s) &= \frac{1}{sC} \text{ impedancia capacitiva.}
\end{aligned} \tag{3.68}$$

Nótese la similitud con los respectivos conceptos de reactancia inductiva y reactancia capacitiva, comúnmente utilizados en el análisis de los circuitos de corriente alterna

$$X_L(\omega) = jL\omega, \text{ y } X_C(\omega) = -\frac{1}{j\omega C} \tag{3.69}$$

de hecho, dichas reactancias pueden considerarse un caso particular de (3.68) para el caso especial en el cual el voltaje es una onda senoidal con frecuencia constante ω.

Un circuito que consta de dos resistencias y dos capacitores se puede ver en la figura 24.

Circuito RLC serie

El circuito de la figura 23 muestra una fuente ideal de voltaje conectado en serie con un resistor, una bobina con una fuerte inductancia, así como un capacitor. En realidad, este circuito se puede utilizar para modelar varios fenómenos eléctricos distintos que no necesariamente corresponden a la conexión física de los tres componentes indicados. Por ejemplo, se puede considerar la operación de una bobina en la que la longitud del cable devanado resulta de magnitud considerable y por lo tanto, debido a que la resistencia total es directamente proporcional a la resistividad y a la longitud, la caída de tensión tiene un componente resistivo puro considerable. En realidad, la resistencia se encuentra distribuida a lo largo de todo el conductor devanado, pero el considerar a la resistencia concentrada en un área específica del circuito es una simplificación que produce valores calculados que son bastante cercanos a los valores medidos experimentalmente. Otro tanto se puede decir acerca de la capacitancia, la cual puede ser ocasionada por las condiciones de operación del inductor: alta frecuencia y cercanía con elementos conductores aislados eléctricamente, en esas circunstancias, la capacitancia no se debe a la presencia de un capacitor de placas paralelas, sino que ocurre como efecto secundario de la interacción de la bobina con otros componentes.

El voltaje aplicado $u(t)$ es la entrada, mientras que la carga en el capacitor es la salida. Se busca obtener la función de transferencia. Para lograrlo se hace uso de dos elementos recién discutidos: la ley de Kirchhoff de los voltajes, así como el concepto de impedancia operacional. De acuerdo con la figura, y tomando en cuenta las observaciones anteriormente descritas con respecto a la aplicación de la ley de Kirchhoff de los voltajes a este circuito de una sola malla, la suma de las caídas de tensión recorriendo el circuito en el sentido en el que se indica la corriente, es

$$u(t) - V_R - V_L - V_C = 0. \tag{3.70}$$

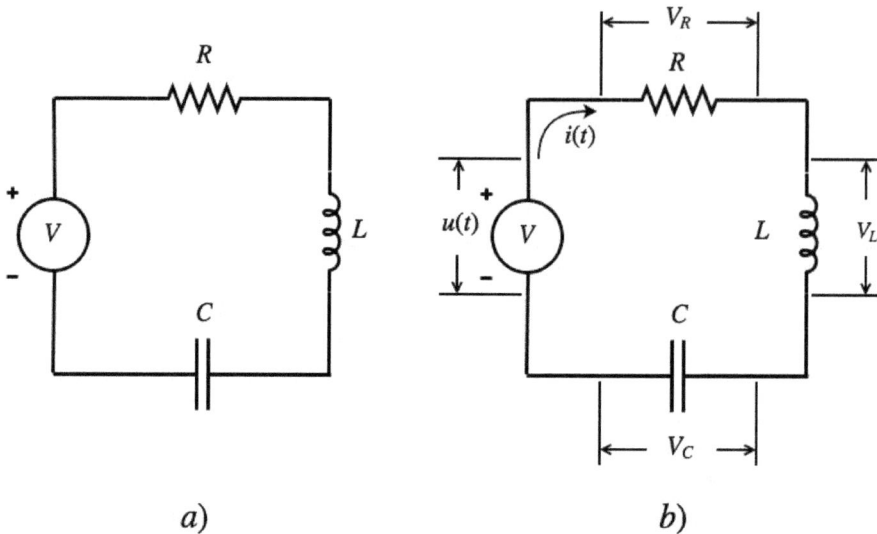

Figura 23: Circuito RLC serie.

La impedancia operacional de cada uno de los componentes establece la relación entre la corriente, que es la misma en todos los elementos de este circuito serie, las caídas de tensión

$$V_R = Ri(t), \qquad V_L = L\frac{di(t)}{dt}, \qquad V_C = \frac{1}{C}\int_0^t i(\theta)\, d\theta, \qquad (3.71)$$

en particular, puede considerarse que la corriente del circuito es una medida de la rapidez con la cual se acumulan cargas en el capacitor, esta relación se describe analíticamente por medio de la derivada

$$i(t) = \frac{dq(t)}{dt}, \qquad\qquad \frac{di(t)}{dt} = \frac{d^2q(t)}{dt^2}. \qquad (3.72)$$

Sustituyendo las ecuaciones (3.72) en (3.71) y en la ecuación (3.70) y trasponiendo del mismo lado de la ecuación a todos lo términos que contengan a $q(t)$ y a sus derivadas, se obtiene la ecuación que describe a la carga en el capacitor en el circuito de la figura 23

$$L\frac{d^2q(t)}{dt^2} + R\frac{dq(t)}{dt} + \frac{1}{C}q(t) = u(t). \qquad (3.73)$$

Circuito de dos mallas y dos capacitores

Se tiene un circuito que consta de tres ramas. En la rama izquierda se tiene una fuente de voltaje $u(t)$ en serie con la resistencia R_1, en la rama central se tiene únicamente al capacitor C_1 y en la rama de la derecha se encuentra la resistencia R_2 conectada en serie con el capacitor C_2. Las tres ramas se conectan, por el extremo superior, en el nodo b, y por el extremo inferior en el nodo d. Supóngase que se conocen los valores de los parámetros R_1, R_2, C_1 y C_2. La aplicación de un voltaje $u(t)$ produce en cada componente pasivo una corriente que, en general, es una cantidad variante con respecto al tiempo. Supóngase que desea analizar el comportamiento de la corriente en el capacitor C_2 en función de dicho voltaje. Una forma de lograrlo es por medio de la función de transferencia

$$T(s) = \frac{i_2(s)}{u(s)}. \tag{3.74}$$

La conexión entre las dos cantidades involucradas no es inmediata. Por ejemplo, bastaría con conocer la caída de tensión entre las terminales del capacitor C_2, la cual no es un dato, por lo que es necesario calcularla, para lo cual se podría emplear la caída de tensión entre las terminales de R_2, pero este dato es desconocido. Una forma sistemática de atacar este problema consiste en que, una vez que se han identificado las corrientes y voltajes de los componentes del circuito que comunican a $u(t)$ y a C_1 se plantean las ecuaciones de las leyes de Kirchhoff de las corrientes y los voltajes. El sentido tentativo de las corrientes se indica en la misma figura 24. Aplicando la ley de las corrientes en el nodo b, se tiene

$$i_1(t) - i_2(t) - i_3(t) = 0, \tag{3.75}$$

aplicando la transformada de Laplace a (3.75)

$$i_1(s) - i_2(s) - i_3(s) = 0. \tag{3.76}$$

Puesto que el número de incógnitas supera al número de ecuaciones, es necesario contar con elementos adicionales. Una manera de obtenerlos es por medio de las relaciones de impedancia operacional

$$E_a(s) - E_b(s) = R_1 i_1(s) \tag{3.77}$$

$$E_b(s) - E_d(s) = \frac{1}{sC_1} i_3(s) \tag{3.78}$$

$$E_b(s) - E_c(s) = R_2 i_2(s) \tag{3.79}$$

$$E_c(s) - E_d(s) = \frac{1}{sC_2} i_2(s). \tag{3.80}$$

El nodo d es el punto de referencia en el cual se considera que el potencial es neutro, es decir, se toma como tierra, tal y como se indica la figura, por ello

$$E_d(s) \equiv 0. \tag{3.81}$$

Por otra parte, aplicando la ley de Kirchhoff de los voltajes

Malla *abda*: $\qquad u(s) - (E_a(s) - E_b(s)) - (E_b(s) - E_d(s)) = 0 \tag{3.82}$

$$u(s) - E_a(s) + E_d(s) = 0, \tag{3.83}$$

y tomando en cuenta (3.81), se obtiene

$$E_a(s) = u(s). \tag{3.84}$$

Las ecuaciones (3.76), (3.77), (3.81) y (3.84), constituyen un conjunto de 7 ecuaciones algebraicas en 7 incógnitas que es posible resolver.

$$i_1(s) = \frac{E_a(s) - E_b(s)}{R_1} \tag{3.85}$$

por otra parte

$$i_3(s) = sC_1\big(E_b(s) - E_d(s)\big) \tag{3.86}$$

sustituyendo

$$\frac{E_a(s) - E_b(s)}{R_1} - i_2(s) - sC_1\big(E_b(s) - E_d(s)\big) = 0 \tag{3.87}$$

sustituyendo

$$E_c(s) = \frac{1}{sC_2}i_2(s), \tag{3.88}$$

de nuevo, sustituyendo

$$E_b(s) - \frac{1}{sC_2}i_2(s) = R_2 i_2(s)$$
$$E_b(s) = \left(\frac{1}{sC_2} + R_2\right)i_2(s), \tag{3.89}$$

sustituyendo en la ecuación del nodo

$$\frac{u(s) - \left(\frac{1}{sC_2} + R_2\right)i_2(s)}{R_1} - i_2(s) - sC_1\left(\frac{1}{sC_2} + R_2\right)i_2(s) = 0 \tag{3.90}$$

$$\frac{u(s)}{R_1} - \frac{i_2(s)}{R_1 C_2 s} - \frac{R_2}{R_1}i_1(s) - i_2(s) - i_2(s) - sC_1 R_2 i_2(s) = 0 \tag{3.91}$$

$$\frac{su(s)}{R_1} = \left(\frac{1}{R_1 C_2} + \frac{R_2}{R_1}s + 2s + s^2 C_1 R_2\right)i_2(s) \tag{3.92}$$

$$i_2(s) = \frac{\frac{s}{R_1}u(s)}{C_1 R_2 s^2 + \left(\frac{R_2}{R_1} + 2\right)s + \frac{1}{R_1 C_2}} \tag{3.93}$$

Finalmente, la función de transferencia buscada es

$$\frac{i_2(s)}{u(s)} = \frac{\frac{1}{R_1 R_2 C_2}s}{s^2 + \left(\frac{1}{R_1 C_1} + \frac{2}{R_2 C_1}\right)s + \frac{1}{R_1 R_2 C_1 C_2}} \tag{3.94}$$

Circuito RLC bimalla

La figura 25 muestra un arreglo con dos resistencias, un capacitor y un inductor. Supongamos que ahora la meta es obtener voltaje entre las terminales del capacitor. Hallar la función de transferencia

$$\frac{i_2(s)}{u(s)}. \tag{3.95}$$

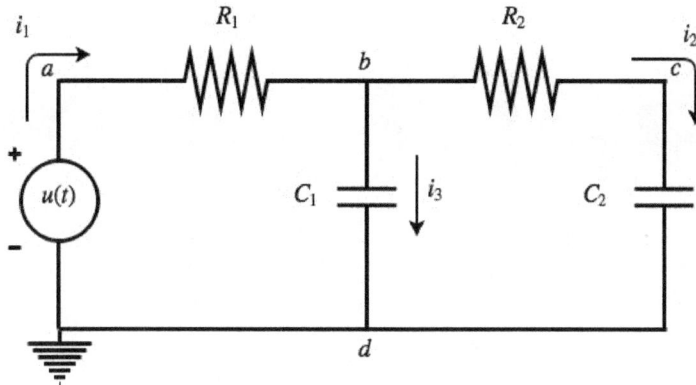

Figura 24: Circuito con dos capacitores.

De nueva cuenta, las herramientas fundamentales son las leyes de Kirchhoff de las corrientes y los voltajes, junto con las relaciones de impedancia operacional. En primer lugar, la aplicación de la ley de Kirchhoff de las corrientes en el nodo b, y la posterior aplicación de la transformada de Laplace proporciona el siguiente resultado

$$i_1(s) - i_3(s) - i_2(s) = 0 \tag{3.96}$$

Aplicando el concepto de impedancia operacional a cada uno de los componentes pasivos en el circuito R_1, R_2, C y L se obtienen las relaciones

$$E_a(s) - E_b(s) = R_1 i_1 \tag{3.97}$$

$$E_b(s) - E_d(s) = \frac{1}{sC} i_2(s) \tag{3.98}$$

$$E_b(s) - E_c(s) = R_2 i_2 \tag{3.99}$$

$$E_c(s) - E_d(s) = L s i_2(s) \tag{3.100}$$

Adicionalmente, la aplicación de la ley de Kirchhoff de los voltajes a la malla $abda$ indica, después de la simplificación

$$u(s) - E_a(s) + E_d(s) = 0. \tag{3.101}$$

Tomando en cuenta que el nodo d se encuentra al potencial de referencia

$$E_d(s) = 0, \tag{3.102}$$

sustituyendo (3.102) en (3.101)

$$E_a(s) = u(s). \tag{3.103}$$

Sustituyendo (3.102) y (3.102) en las ecuaciones (3.97), (3.98) y (3.100) se obtienen las relaciones

$$u(s) - E_b(s) = R_1 i_1(s) \tag{3.104}$$

$$E_b(s) = \frac{1}{sC} i_3(s) \tag{3.105}$$

$$E_c(s) = Ls i_2(s) \tag{3.106}$$

Las ecuaciones (3.96), (3.99), (3.104), (3.105) y (3.106) forman un sistema con las incógnitas $i_1(s)$, $i_2(s)$, $i_3(s)$, $E_b(s)$ y $E_c(S)$. Sustituyendo $E_c(s)$ dado por la ecuación (3.106), en la ecuacion (3.99) se obtiene

$$E_b(s) - Ls i_2(s) = R_2 i_2(s) \tag{3.107}$$

$$E_b(s) = (Ls + R_2) i_2(s) \tag{3.108}$$

las ecuaciones (3.104), (3.105) y (3.106) se pueden despejar para obtener

$$i_1(s) = \frac{u(s) - E_b(s)}{R_1} \tag{3.109}$$

$$i_3(s) = sC E_b(s) \tag{3.110}$$

$$i_2(s) = \frac{E_c(s)}{Ls}. \tag{3.111}$$

Sustituyendo (3.109), (3.110) y (3.111) en (3.96)

$$\frac{u(s)}{R_1} - \frac{E_b(s)}{R_1} - sC E_b(s) - i_2(s) = 0, \tag{3.112}$$

sustituyendo $E_b(s)$ dado por (3.108) en (3.112) se obtiene

$$\frac{u(s)}{R_1} - (Ls + R_2) i_2(s) - sC(Ls + R_2) i_2(s) - i_2(s) = 0 \tag{3.113}$$

$$\frac{u(s)}{R_1} = \left(Ls + R_2 + LCs^2 + CR_2 s + 1 \right) i_2(s) \tag{3.114}$$

$$\frac{i_2(s)}{u(s)} = \frac{\frac{1}{R_1}}{LCs^2 + \left(L + R_2 C \right) s + (1 + R_2)} \tag{3.115}$$

Finalmente, la función de transferencia buscada, después de normalizar el polinomio del denominador, es

$$\frac{i_2(s)}{u(s)} = \frac{\frac{1}{R_1 LC}}{s^2 + \left(\frac{1}{CR_1} + \frac{R_2}{L} \right) s + \frac{1 + R_2}{LC}}. \tag{3.116}$$

El amplificador operacional ideal

En concepto de amplificador operacional ideal tiene, originalmente, estrecha relación con el *cálculo operacional*, o resolución de ecuaciones diferenciales, ecuaciones integrales y ecuaciones integrodiferenciales utilizando técnicas como la transformada de Laplace. A diferencia

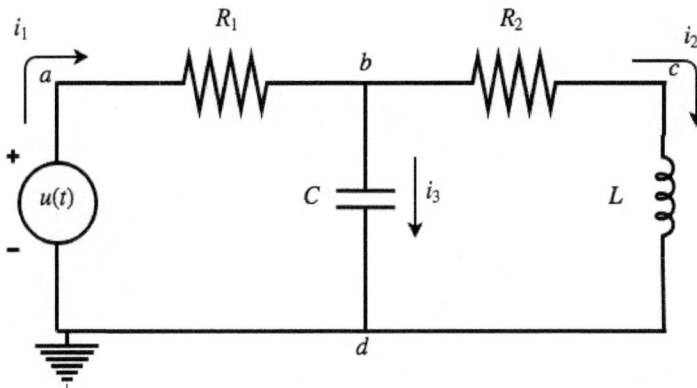

Figura 25: Circuito con un inductor, un capacitor y dos resistores.

de los amplificadores de potencia, los cuales se utilizan para proporcionar la potencia necesaria que requiere una señal para efectuar la tarea para la cual se le genera, los amplificadores operacionales se utilizan como medios para modificar *activamente* las características dinámicas de la señal, es decir, se trata de *dispositivos activos* que producen no solamente cambios en la forma y la magnitud de las señales, sino también propiedades como el tiempo de respuesta, desfase angular, magnificación adición, etc., con la característica de que emplean un suministro de energía para lograrlo. En la figura 26 se muestran distintas representaciones del amplificador operacional. En la figura se muestran distintos aspectos del amplificador operacional. La figura 26 *a*) es la fotografía de un amplificador operacional disponible comercialmente. El largo del dispositivo es 6 mm aproximadamente y se ha indicado la numeración de los *pines*, (patitas o terminales) que se encuentran visibles en la foto. En la figura 26 *b*) se muestra un esquema de la vista superior del dispositivo y se indica la manera habitual de numerar sus patitas: la más cercana a la marca circular se etiqueta con el número 1 y la numeración prosigue en sentido contrario al de las manecillas del reloj hasta que cada una de ellas tenga un número asignado. Generalmente se emplean únicamente las terminales 2, 3, 4, 6 y 7. Como información adicional se ha trazado un triángulo que representa la relación del dispositivo físico con la descripción del dispositivo ideal, ilustrada en las figuras 26 *c* y *d*. La nomenclatura es la siguiente

- E_- (terminal 2). Potencial en la *terminal inversora* de entrada.

- E_+ (terminal 3). Potencial en la *terminal no inversora* de entrada.

- V_{cc}^- (terminal 4). Alimentación de voltaje negativo.

- E_0 (terminal 6). Potencial de salida.

- V_{cc}^+ (terminal 7). Alimentación del voltaje positivo.

Los elementos fundamentales en la descripción del amplificador operacional ideal se esquematizan en la figura 26 *c*. Existen varias diferencias sustanciales con respecto a las

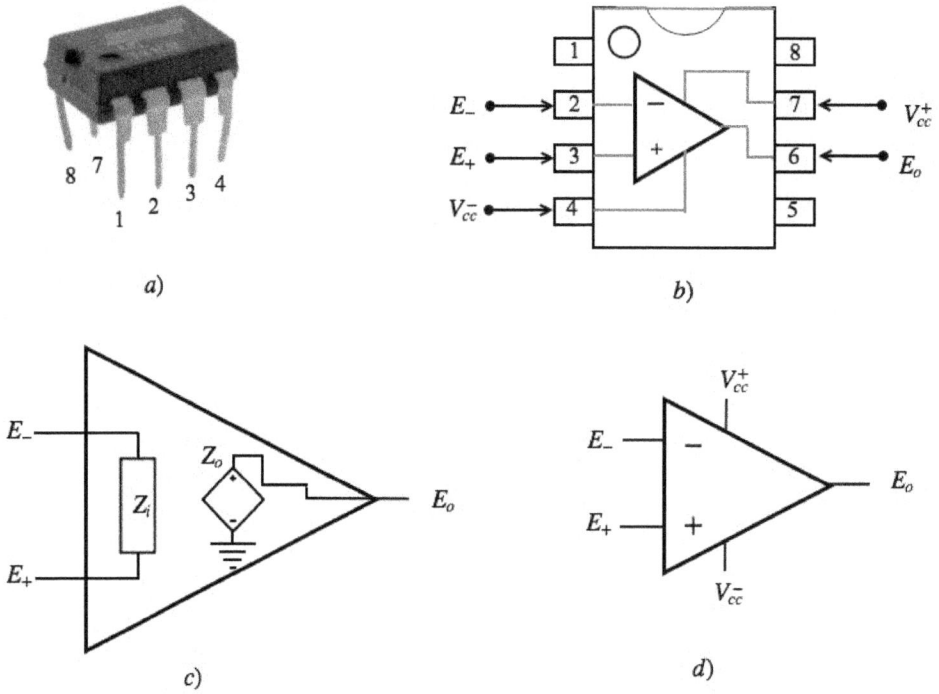

Figura 26: Esquema y representación del amplificador operacional.

conexiones físicas. En primer lugar se ha omitido indicar las terminales de alimentación, estableciendo de manera implícita que el voltaje de salida E_0 dependerá únicamente de las relaciones del amplificador operacional ideal; esto se hace únicamente para fines de análisis, ya que en realidad se trata de un aspecto de primordial importancia en la puesta en marcha de un componente real. Un parámetro clave del amplificador operacional ideal es la *ganancia en lazo abierto G*, la cual describe la relación ideal entre los voltajes de entrada y salida

$$E_0 = G(E_{(+)} - E_{(-)}). \tag{3.117}$$

En la misma figura aparecen las otras constantes involucradas en la descripción ideal: la *impedancia de entrada* Z_i, así como la *impedancia de salida* Z_o. Internamente, el amplificador operacional consta de un número importante de componentes discretos, principalmente transistores y en conjunto producen un comportamiento que se asemeja a un circuito con los componentes descritos. Con esta información es posible ahora enlistar las suposiciones básicas del amplificador operacional ideal:

1. Impedancia de entrada muy alta.

2. Impedancia de salida muy baja.

3. Ganancia en lazo abierto muy alta.

En la figura 27 se muestra un amplificador operacional ideal en el cual la terminal no inversora se ha conectado directamente a tierra, por lo tanto el potencial vale 0 en dicha terminal, mientras que se ha aplicado una señal en el lado de la terminal inversora, teniendo de por medio a la impedancia Z_1. Para fines de análisis y considerando que el principal interés en el uso de arreglos de amplificadores operacionales reside en la modificación de la información que efectúan a traves de su relación entrada-salida, por lo que se empleará la impedancia operacional. De esta manera, las impedancias operacionales son $Z_1(s)$ a la entrada y $Z_f(s)$ en la rama de retroalimentación. Esas impedancias operacionales pueden ser simplemente resistencias, o ser el resultado de la combinación de una cantidad importante de componentes, la única limitación que se impondrá es que se trata exclusivamente de elementos pasivos. Considérese los sentidos (tentativos) de las corrientes que se indican en la figura 27, las características corriente-voltaje de $Z_1(s)$ y $Z_f(s)$ son

$$E_1(s) - E_{(-)}(s) = Z_1(s)i_1(s) \quad \text{así como} \quad E_{(-)}(s) - E_0(s) = Z_f(s)i_f(s), \tag{3.118}$$

La ley de Kirchhoff de las corrientes aplicada en el nodo ubicado en la terminal inversora establece

$$i_1 - i_{(-)} - i_f = 0$$
$$\text{o bien} \tag{3.119}$$
$$i_1(s) - i_{(-)}(s) - i_f(s) = 0.$$

La corriente a través del elemento idealizado con la impedancia de entra Z_i es, debido a la suposción de impedancia de entrada muy grande, idealmente $|Z_i| \to \infty$ se tiene

$$i_{(-)} = \frac{E_{(-)} - 0}{Z_i} \approx 0, \tag{3.120}$$

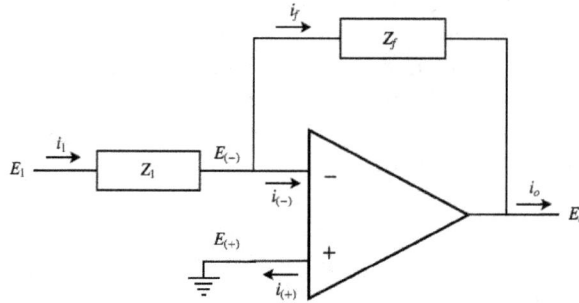

Figura 27: Amplificador operacional con retroalimentación.

en donde se ha considerado que la entrada inversora está conectada a tierra. De esta manera la ecuación (3.119) queda reducida a la

$$i_1(s) - i_f(s) = 0 \qquad (3.121)$$

despejando $i_1(s)$, así como $i_f(s)$ de (3.118) y sustituyendo en (3.119) se obtiene

$$\frac{E_1(s) - E_{(-)}(s)}{Z_1(s)} - \frac{E_{(-)}(s) - E_o(s)}{Z_f(s)} = 0 \qquad (3.122)$$

la ecuación (3.122) tiene la entrada $E_1(s)$, los parámetros $Z_1(s)$ y $Z_f(s)$ así como las incógnitas $E_-(s)$ y $E_o(s)$, esta última es precisamente la incógnita buscada. Para eliminar la incógnita restante, se toma la transformada de Laplace de (3.117), considerando que $E_+ = 0$, con lo cual se obtiene

$$E_{(-)}(s) = -\frac{E_o(s)}{G}, \qquad (3.123)$$

que, sustituyendo en (3.122) y simplificando

$$\frac{E_1(s)}{Z_1(s)} + \frac{E_o(s)}{GZ_1(s)} + \frac{E_o(s)}{GZ_f(s)} + \frac{E_o(s)}{Z_f(s)} = 0 \qquad (3.124)$$

$$E_o(s) = \frac{-\frac{E_1(s)}{Z_1(s)}}{\frac{1}{GZ_1(s)} + \frac{1}{GZ_f(s)} + \frac{1}{Z_f(s)}} \qquad (3.125)$$

En este punto, la suposición de que la ganancia en lazo abierto es muy grande justifica el hallar $\lim_{G \to \infty} E_o(s)$. Tomando el límite en (3.124) se obtiene

$$E_o(s) = -\frac{Z_f(s)}{Z_1(s)} E_1(s). \qquad (3.126)$$

La ecuación (3.126) se conoce como la *ecuación fundamental del amplificador operacional ideal*, y sirve para determinar la característica entre el voltaje de entrada y el voltaje de salida. Nótese que, a pesar de que la ganancia en lazo abierto G es un parámetro del dispositivo, no aparece explícitamente en la relación entrada salida representada por (3.126).

Por otra parte, en la figura 28 se muestran tres distintas configuraciones en las cuales puede aparecer una amplificador operacional; en cada caso, la señal de entrada es un voltaje etiquetado con la letra u, y la salida es E_0. En la figura 28 a), la impedancia de entrada es simplemente la resistencia $Z_1(s) = R_1$, y la impedancia de retroalimentación es $Z_f(s) = R_2$, así que la relación, de manera que la característica entrada-salida es

$$E_0 = -\frac{R_2}{R_1}u, \tag{3.127}$$

es decir, el efecto de dicho arreglo consisten en invertir la polaridad de la señal y al mismo tiempo amplificar o atenuar su magnitud, de acuerdo con la condición $\frac{R_2}{R_1} > 1$ ó $\frac{R_2}{R_1} < 1$, respectivamente.

En la figura 28 b) se muestra un arreglo en el que la impedancia de entrada es un resistor R pero, a diferencia del caso anterior, el elemento de retroalimentación es un capacitor con la capacitancia C, por lo tanto su impedancia operacional es $Z_f(s) = \frac{1}{sC}$, así que su característica entrada-salida se pueden expresar de una manera más sencilla en el dominio de la transformada de Laplace

$$\tilde{E}_0(s) = -\frac{1}{RCs}\tilde{u}(s). \tag{3.128}$$

La ecuación (3.128) se interpreta comúnmente como un *integrador*; por ejemplo, si se aplica un voltaje constante $u(t) \equiv u_0$ y u_0 se encuentra dentro de los límites de operación del amplificador operacional, el voltaje de salida E_0 será un voltaje que decrece uniformemente con respecto al tiempo, la gráfica será una línea recta que pasa por el origen con pendiente igual a $-\frac{1}{RC}$.

Finalmente, en la figura 28 c) se muestra un arreglo con un amplificador operacional en el que se aplica un voltaje distinto a cada una de las terminales, en lugar de conectar a tierra la terminal inversora.

En esta configuración la característica entrada-salida no puede ser descrita por la ecuación (3.126). De hecho, se hace referencia a la *entrada diferencial* $u_2 - u_1$ y el arreglo se conoce como *comparador*. Para analizar su característica entrada-salida, se hace uso de las leyes de Kirchhoff, junto con las tres suposiciones del amplificador operacional ideal. Aplicando la ley de Kirchhoff de las corrientes tanto en la terminal inversora como en la terminanl no inversora y teniendo en cuenta la suposición de que la impedancia de entrada es infinita, se obtienen las ecuaciones

$$i_1 = i_3 \tag{3.129}$$

$$i_3 = i_4 \tag{3.130}$$

Por otra parte las características corriente-voltaje en cada uno de los resistores de la figura

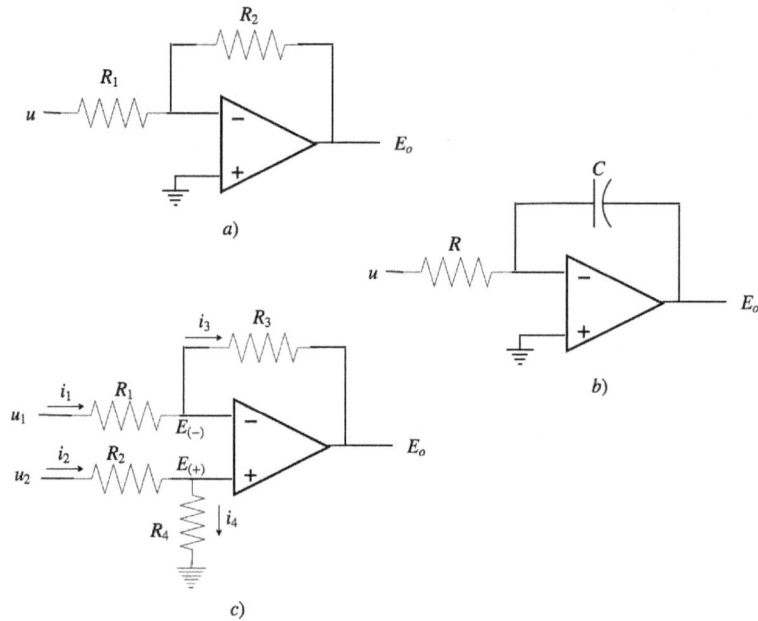

Figura 28: Distintos ejemplos de conexiones de amplificadores operacionales.

28 *c*) se obtienen las ecuaciones

$$u_1 - E_{(-)} = R_1 i_1 \tag{3.131}$$

$$E_{(-)} - E_o = R_3 i_3 \tag{3.132}$$

$$u_2 - E_{(+)} = R_2 i_2 \tag{3.133}$$

$$E_{(+)} = R_4 i_4. \tag{3.134}$$

Despejando i_1 e i_3 de las ecuaciones (3.131) y (3.132) se obtiene una ecuaci'on de la cual se puede despejar $E_{(-)}$. Similarmente, despejando i_2 e i_4 de (3.133) y (3.134) se obtiene una expresión de la cual se despeja $E_{(+)}$.

$$E_{(-)} = \frac{\frac{u_1}{R_1} + \frac{E_0}{R_3}}{\frac{1}{R_1} + \frac{1}{R_3}} \qquad E_{(+)} = \frac{\frac{u_2}{R_2}}{\frac{1}{R_2} + \frac{1}{R_4}} \tag{3.135}$$

Sustituyendo $E_{(+)}$ y $E_{(-)}$ dados por (3.135) en la ecuación del amplificador operacional en lazo abierto $E_0 = G(E_{(+)} - E_{(-)})$, por la suposición de ganancia infinita y considerando $R_1 = R_2 = R_3 = R_4$ finalmente se obtiene

$$E_0 = u_2 - u_1. \tag{3.136}$$

3.5 Sistemas electromecánicos

Motor de CD con excitación independiente

En la figura 29 *a*) se muestra una vista lateral de un motor eléctrico de corriente directa, alimentado por una fuente ideal de voltaje. En la figura 29 *b*) se muestra el circuito equivalente usualmente del rotor o *armadura* considerado en el modelo, junto con el esquema del eje del rotor, rígidamente acoplado para transmitir movimiento rotacional a un objeto representado por un disco giratorio. No se indica la manera de generar el campo magnético del estator, puede ser a través de un imán permanente, por medio de un electroimán, e incluso a través de una combinación de ambos. En el circuito equivalente, se considera que la resistencia total del devanado del rotor se encuentra concentrada en un elemento, llamado *resistencia de armadura* y denotado como R_a, en Ohms. En realidad, la resistencia se encuentra distribuida a lo largo de toda la longitud del cable, pero el considerarla como un parámetro concentrado facilita el análisis, aún más, se trata de una aproximación que ha resultado muy apropiada para describir el comportamiento real de este tipo de motores. La caída de tensión instantánea debida a este elemento tiene una magnitud

$$R_a i_a(t), \tag{3.137}$$

donde $i_a(t)$ es la *corriente de armadura* media en amperes (A). En segundo lugar se encuentra la inductancia de armadura L_a, medida en Henrios, la cual también se modela como un componente con el parámetro concentrado. El tercer elemento del circuito equivalente es el *coeficiente de fuerza contraelectromotriz* k_V, medido en V·s/rad. Representa el voltaje contraelectromotríz que se induce por unidad de velocidad debido al desplazamiento relativo entre el devanado de la armadura y el campo magnético fijo. La caída de tensión debida a este elemento en el circuito equivalente tiene la magnitud

$$k_V \frac{d\theta(t)}{dt} \qquad \text{o bien} \qquad k_V \omega(t) \tag{3.138}$$

donde $\theta(t)$ es la coordenada de posición angular en el instante t, medida en radianes y $\omega(t) = \dot{\theta}(t)$ es la velocidad angular en el instante t, media en radianes por segundo. Este término representa una parte de la interacción entre la parte mecánica y la parte eléctrica del sistema o, dicho con mayor precisión, representa la influencia de la componente mecánica del motor sobre la componente eléctrica. El tercer elemento del circuito equivalente es la *inductancia de armadura*, L_a, medida en Henrios y a la cual se debe la caída de tensión de magnitud

$$L_a \frac{di(t)}{dt} \tag{3.139}$$

La aplicación de la ley de Kirchhoff de los voltajes al circuito de la figura 29*b*, tomando en cuenta las ecuaciones (3.137), (3.138), así como (3.139) produce como resultado la ecuación diferencial

$$u(t) - R_a i_a(t) - L_a \frac{di_a(t)}{dt} - k_v \frac{d\theta(t)}{dt} = 0 \tag{3.140}$$

$$L \frac{di_a(t)}{dt} + R_a i_a(t) + k_V \frac{d\theta(t)}{dt} = u(t). \tag{3.141}$$

En caso de que la variable de interés sea la velocidad angular se utiliza la segunda de las ecuaciones (3.138) para obtener

$$L\frac{di_a(t)}{dt} + R_a i_a(t) + k_V \omega(t) = u(t). \tag{3.142}$$

Las ecuaciones (3.141) y (3.142), son equivalentes en el sentido de que, conociendo la solución de una de ellas es inmediatamente posible el determinar la solución de la otra y al tratarse, en esencia, de una ecuación diferencial con dos funciones incógnitas, hace falta otra ecuación diferencial para poder determinar completamente las variables de interés del sistema. La ecuación faltante se puede obtener al aplicar la ecuación (3.36) a la parte rotacional del sistema. Para tal fin se explican los coeficientes involucrados. La *constante de torque*, expresada en N·m/A es el par de origen electromagnético que produce el motor por cada unidad de corriente que circula por el devanado de armadura, es decir, la magnitud de dicho par es

$$k_\tau i_a(t), \tag{3.143}$$

donde $i_a(t)$ es la corriente de armadura. La constante k_τ por lo tanto, representa la influencia de la parte eléctrica del circuito sobre la parte mecánica. El giro del rotor se produce con ayuda de bujes, rodamientos o chumaceras, los cuales poseen cierta lubricación, y es común considerar la fricción viscosa debido principalmente a la capa de lubricante que evita el contacto directo entre las superficies metálicas en movimiento relativo una con respecto a otra, ese efecto se cuantifica a través de la constante de fricción viscosa rotacional, la cual simplemente se describe como c y se expresa en N·m·s/rad. El par que siempre se opone al movimiento, de acuerdo con este modelo, es

$$c\frac{d\theta(t)}{dt} \qquad \text{o bien} \qquad c\omega(t). \tag{3.144}$$

Adicionalmente, posible considerar también a una componente de fricción que ocasiona un par constante debido a la presión de ensamblaje. En el desarrollo del presente modelo no se considerará dicho término. En cuanto al momento de inercia J, este se considera compuesto de dos partes: el momento de inercia de rotor, propiamente dicho simbolizado por J_{rotor}, y el momento de inercia de la carga, siempre y cuando esta se encuentre rígidamente acoplada al eje del rotor, se le indica por medio de J_{carga}. Por tanto, el momento de inercia con respecto al eje de rotación es

$$J = J_{\text{rotor}} + J_{\text{carga}}, \tag{3.145}$$

el cual se mide en kg· m^2.

Una vez indicadas las magnitudes involucradas, es posible aplicar la ecuación (3.36) a la parte mecánica, para obtener

$$k_\tau i_a(t) - c\frac{d\theta(t)}{dt} = J\frac{d^2\theta(t)}{dt^2}, \tag{3.146}$$

o bien, en términos de la velocidad angular

$$k_\tau i_a(t) - c\omega(t) = J\frac{d\omega(t)}{dt}, \tag{3.147}$$

El motor puede acoplarse a un sistema mecánico de uno o más grados de libertad.

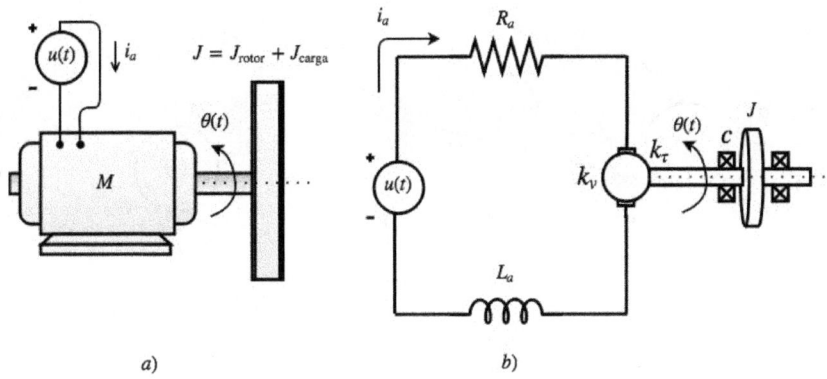

Figura 29: Esquema de un motor de CD con excitación independiente.

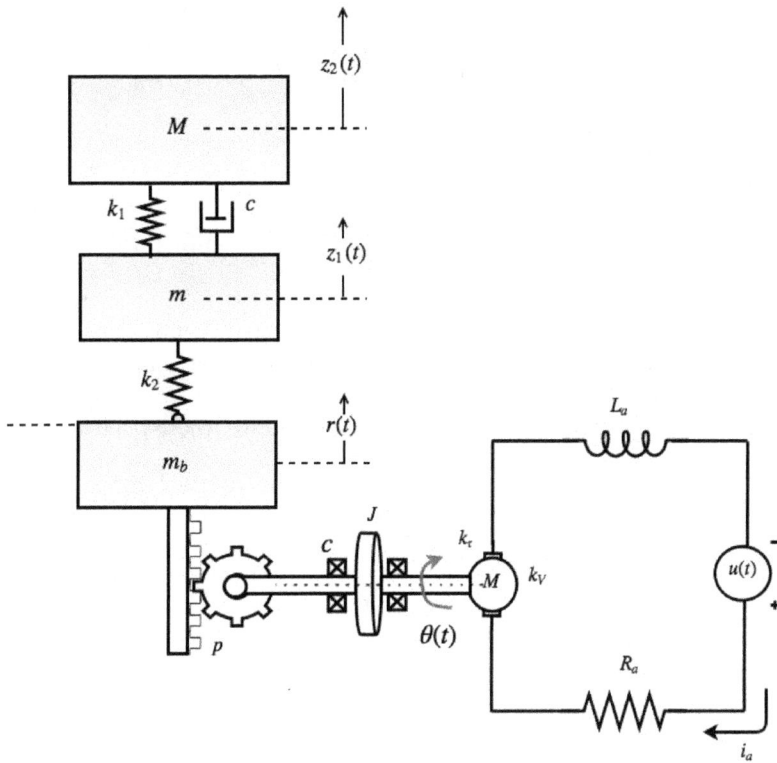

Figura 30: Esquema de un motor de CD con excitación independiente acoplado a un sistema de dos grados de libertad.

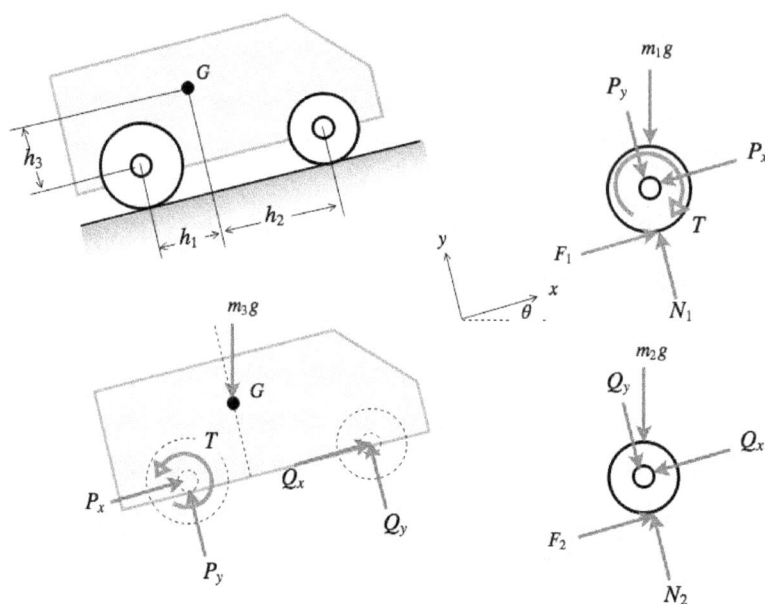

Figura 31: Carro en un plano inclinado.

Desplazamiento de un vehículo de dos ejes sobre un plano inclinado

En la figura 31 se muestra un vehículo dotado de dos ejes y tracción aplicada en las ruedas traseras, el cual se desplaza sobre un camino ascendente con una inclinación constante descrita por el ángulo θ. Antes de emprender la escritura de ecuaciones es conveniente tener en cuenta el alcance y propósito del modelo, para poder obtener del mismo la información requerida sin tener que efectuar operaciones adicionales. Los objetivos del este modelo son

1. Analizar bajo qué condiciones puede ocurrir volcamiento por la pérdida de contacto entre el suelo y las ruedas delanteras.

2. Estudiar la respuesta dinámica en desplazamiento, velocidad y aceleración cuando se aplica un momento de torsión en el eje trasero.

3. Utilizar el modelo para regulación de la velocidad.

Supondremos, por lo tanto que el vehículo se compone de tres cuerpos rígidos: el cuerpo principal y las llantas en cada eje. Considerando a la superficie de rodamiento como una superficie perfectamente rígida, se puede despreciar la resistencia a la rodadura. También se despreciará la fricción en la transmisión y en el tren motriz. También se considerará que no ocurre deslizamiento entre las ruedas y la superficie de rodamiento y que el huelgo o juego mecánico (*backslash*) es despreciable. Tampoco se considerará el efecto de la suspensión. De esta manera se trata de un sistema de un sólo grado de libertad. En el diagrama de cuerpo libre de la carrocería, considérese un sistema cartesiano de coordenadas XY en el cual la parte positiva del eje X es paralela al plano de rodamiento y apunta en la dirección ascendente y el eje Y apunta hacia arriba, perpendicular a dicha superficie. De esta manera, al no existir desplazamiento ni aceleración en la dirección perpendicular al movimiento, se puede aplicar la condición de equilibrio

$$\Sigma F_y = 0$$
$$P_y + Q_y - m_3 g \cos\theta = 0. \tag{3.148}$$

En cambio, el movimiento en la dirección del plano es un movimiento acelerado, por lo que se aplica la segunda ley de Newton

$$\Sigma F_x = m_3 \ddot{x}$$
$$P_x + Q_x - m_3 g \operatorname{sen}\theta = m_3 \ddot{x} \tag{3.149}$$

Finalmente, considerando que el cuerpo del vehículo no debe experimentar rotación se establece la importante condición de equilibrio rotacional

$$\Sigma M_{C_1} = 0$$
$$T - h_1 m_3 g \cos\theta + Q_y(h_1 + h_2) = 0. \tag{3.150}$$

Nótese que, por tratarse de una condición de equilibrio, resulta correcto considerar como centro de momentos a cualquier punto del cuerpo para escribir la suma del miembro derecho de (3.150). Por otra parte, del diagrama de cuerpo libre de la rueda trasera, aplicando la condición de equilibrio traslacional de la rueda posterior en la dirección perpendicular al movimiento da como resultado

$$\Sigma F_y = 0$$
$$N_1 - P_y - m_1 g \cos\theta = 0 \tag{3.151}$$

Por su parte, el movimiento acelerado se describe como

$$\Sigma F_x = m_1 \ddot{x}$$
$$F_1 - m_1 g \sin\theta - P_x = m_1 \ddot{x}. \tag{3.152}$$

A diferencia del cuerpo principal del vehículo la llanta sí experimenta movimiento rotacional acelerado

$$\Sigma M_{C1} = J_1 \ddot{\varphi}_1$$
$$-T + F_1 R_1 = J_1 \ddot{\varphi}_1$$
$$-T + F_1 R_1 = J_1 \left(\frac{\ddot{x}}{R_1}\right). \tag{3.153}$$

La última de las ecuaciones (3.153) es consecuencia de las suposiciones sobre la cinemática del desplazamiento $x = R_1 \varphi_1$. Finalmente el equilibrio en la dirección normal de la rueda delantera se obtiene de manera similar

$$\Sigma F_y = 0$$
$$N_2 - Q_y - m_2 g \cos\theta = 0. \tag{3.154}$$

La ecuación de movimiento paralelo al plano es

$$\Sigma F_x = \ddot{x}$$
$$-Q_x - m_2 g \sin\theta + F_2 = m_2 \ddot{x}.$$

(3.155)

Finalmente la ecuación del movimiento rotacional acelerado es

$$\Sigma M_{C_2} = \ddot{\varphi}_2 J_2$$
$$F_2 R_2 = J_2 \ddot{\varphi}_2$$
$$F_2 R_2 = J_2 \left(\frac{\ddot{x}}{R_2} \right).$$

(3.156)

Las ecuaciones (3.148)-(3.156) constituyen un conjunto de ecuaciones algebraico-diferenciales con respecto a las variables $P_x, P_y, Q_x, Q_y, N_1, N_2, F_1, F_2$ y x. Además de la condición de volcamiento, resulta de principal interés la relación que guardan entre sí el par aplicado T y el desplazamiento x.

Supongamos ahora, para simplificar el análisis, que se desprecian las masas de las ruedas, y por lo tanto sus respectivos momentos de inercia. Esta consideración resulta adecuada en la medida en que m_1 y m_2 sean significativamente menores a m_3. Entonces, bajo las simplifcaciones

$$m_1 = 0, \qquad m_2 = 0, \qquad J_1 = 0, \qquad J_2 = 0.$$

(3.157)

Se obtienen de inmediato los siguientes resultados

$$P_x = F_1, \quad F_2 = 0, \quad F_1 = \frac{1}{R_1} T, \quad Q_x = 0, \quad Q_y = N_2, \quad P_y = N_1.$$

(3.158)

Al sustituir estos resultados en las ecuaciones restantes se obtiene una ecuación diferencial que relaciona al par aplicado por el motor fijo a la carrocería con la posición medida a lo largo de la superficie de rodamiento

$$T = R_1 mg \operatorname{sen}\theta + R_1 m_3 \ddot{x}.$$

(3.159)

Considérese ahora que el par aplicado se debe a la acción de un motor de corriente directa con excitación independiente, el cual posee una resistencia de armadura R_a, inductancia de armadura L_a, constante de par k_T y una constante de fuerza contraelectromotriz k_V. Considerando al motor eléctrico directamente acoplado al eje trasero, la ecuación del par es

$$R_1 m_3 g \operatorname{sen}\theta + R_1 m_3 \ddot{x} = k_T i,$$

(3.160)

en donde se ha despreciado la fricción viscosa en los rodamientos del motor. Aplicando la ley de Kirchhoff de los voltajes al circuito representativo de la armadura en el diagrama de la figura 29, y tomando en cuenta la relación cinemática $x = R_1 \varphi_1$ se obtiene

$$L_a \frac{di}{dt} + R_a + k_v \frac{\dot{x}}{R_1} = u.$$

(3.161)

Las ecuaciones (3.160) y (3.161) describen la dinámica del conjunto considerando como entrada al voltaje aplicado $u = u(t)$.

3.6 Enfoque energético. Ecuaciones de Euler-Lagrange

Una vez que se ha determinado el objetivo y el uso del modelo por realizar, queda abierta la posibilidad de escoger entre distintas alternativas. La obtención de las ecuaciones de movimiento, y de las ecuaciones dinámicas en general, puede llevarse a cabo desde distintos puntos de vista: en el caso del péndulo simple, pueden obtenerse las ecuaciones de movimiento usando el análisis de las leyes del movimiento traslacional aplicadas a una masa puntual concentrada, o bien utilizando las leyes del movimiento traslacional aplicadas al cuerpo rígido constituido por un eslabón rígido con la masa puntual localizada en el extremo y una vez obtenida la solución obtener la coordenada traslacional a partir de una sencilla conversión. En cierto sentido, ambas coordenadas, traslacional y rotacional, son descripciones del mismo fenómeno y son las soluciones de ecuaciones diferenciales que, aunque distintas, poseen características esenciales en común: estabilidad o inestabilidad, disipación por amortiguamiento o conservación de la energía, oscilaciones o monotonicidad, etc. Otro tanto puede decirse de las distintas maneras en las cuales puede expresarse la ecuación diferencial del circuito RLC serie: como una ecuación en la que la incógnita es la carga, o bien, considerando como incógnita al voltaje entre las terminales del capacitor. Para referirse a los distintos conjuntos de coordenadas que se pueden emplear en la descripción de la dinámica, se utiliza el término *coordenadas generalizadas*. Se habla también de *velocidades generalizadas* para hacer referencia a las derivadas de primer orden de las respectivas coordenadas generalizadas. De manera más formal, el número de coordenadas generalizadas es igual al número de parámetros físicos que es necesario conocer para especificar completamente la configuración del sistema, a ese número también se le conoce como el número de *grados de libertad* del sistema. La energía en sistemas mecánicos se puede clasificar en dos tipos: por una parte la *energía potencial*, la cual es una función que la mayorías de las veces depende de las coordenadas generalizadas y posiblemente del tiempo, mientras que por la otra parte la *energía cinética*, es una función que depende del estado del movimiento y por lo tanto de las velocidades. Los conceptos de coordenadas generalizadas, energía potencial y energía cinética se ha extendido más allá de los sistemas mecánicos hasta ser formulados con precisión, aunque con distintos niveles de dificultad, para sistemas eléctricos, magnéticos, químicos, térmicos, etc., razón por la cual es posible extender el análisis dinámico a sistemas de distintos ámbitos. Dado que los conceptos han sido desarrollados con mayor éxito e intuición física para los sistemas mecánicos, se explicará el enfoque a partir de conceptos de mecánica. Considérese un sistema mecánico con las coordenadas y velocidadaes generalizadas por medio de

$$
\mathbf{q}(t) = \begin{pmatrix} q_1(t) \\ q_2(t) \\ \vdots \\ q_n(t) \end{pmatrix}, \quad \text{y} \quad \dot{\mathbf{q}}(t) = \begin{pmatrix} \dot{q}_1(t) \\ \dot{q}_2(t) \\ \vdots \\ \dot{q}_n(t) \end{pmatrix}, \tag{3.162}
$$

(Cuando sea conveniente se omitirá el argumento t, por ejemplo $\mathbf{q} = \mathbf{q}(t)$.) La energía potencial, siendo función de las coordenadas generalizadas, se indica como $U = U(q_1, q_2, \ldots, q_n)$, mientras que la energía cinética, al ser función de las velocidades generalizadas, se denota como $T = T(\dot{q}_1, \dot{q}_2, \ldots, \dot{q}_n)$. El antecedente más profundo del enfoque de Euler-Lagrange es el *principio de mínima acción* o *principio de Hamilton*. Dicho principio tiene como premisa el hecho de que a cada trayectoria de movimiento entre dos puntos, digamos A y B, está asociada con una cantidad llamada *acción*, la cual se expresa como una integral

$$J_{A \to B}(\mathbf{q}) = \int_A^B L\big(\mathbf{q}(t), \dot{\mathbf{q}}(t)\big) \, dt, \qquad (3.163)$$

el integrando es una función escalar denominada función de Lagrange o *Lagrangiano*. El principio establece que *el movimiento de un sistema real en la naturaleza ocurre de tal manera que la acción alcanza su valor estacionario*. Por lo común, ese punto estacionario de la función corresponde a un mínimo. La función J en (3.163) no es una función del cálculo ordinario, ya que su argumento no es un número, sino una función vectorial $\mathbf{q}$, por esa razón, a la función J se le denomina *funcional*. Por lo tanto la técnica para hallar, o al menos caracterizar, los valores estacionarios no pertenece al cálculo diferencial e integral, sino al *cálculo de variaciones*, sin embargo, existe una similitud entre la condición necesaria para la existencia de un mínimo en el cálculo y la condición necesaria para la existencia de un mínimo en el cálculo de variaciones: en el primer caso, la derivada de la función debe ser igual a cero, y en el segundo caso es la variación de la funcional J, la cual debe hacerse cero. Existen muy buenas obras de consulta que permiten ahondar en las técnicas para obtener las condiciones del valor estacionario. Nos limitaremos aquí a describir el resultado de hallar la primera variación de J y enseguida igualarla a cero:

$$\frac{d}{dt}\left(\frac{\partial L}{\partial \dot{q}_i}\right) - \frac{\partial L}{\partial q_i} = 0, \quad \text{para } i = 1, 2, \ldots, n. \qquad (3.164)$$

En los sistemas mecánicos, el lagrangiano es la diferencia entre la energía cinética y la energía potencial:

$$L = L(\mathbf{q}(t), \dot{\mathbf{q}}(t)) = T(\dot{\mathbf{q}}(t)) - U(\mathbf{q}(t)). \qquad (3.165)$$

En los sistemas mecánicos que constan de cuerpos rígidos, la energía cinética puede deber tanto al movimiento traslacional, como al movimiento rotacional, las cuales se pueden expresar, respectivamente como

$$T_{\text{trans}} = \frac{1}{2}mv^2, \quad T_{\text{rot}} = \frac{1}{2}J\omega^2. \qquad (3.166)$$

Por otra parte, la energía potencial puede deberse a la posición medida con respecto a un punto de referencia y es igual a trabajo necesario para efectuar movimiento en oposición a un campo de fuerzas conservador o *conservativo*. Las cantidades más comunes son

$$\begin{aligned} &\text{Gravitacional: } U(q) = mg(q - q_{\text{ref}}) \\ &\text{Elástica traslacional: } U(q) = \frac{1}{2}k\delta^2(q) \\ &\text{Elástica rotacional: } U(q) = \frac{1}{2}k\varphi^2(q). \end{aligned} \qquad (3.167)$$

En el caso del péndulo simple, la coordenada generalizada es $q = \theta$, la energía potencial es

$$U(\theta) = mgL(1 - \cos\theta) \qquad (3.168)$$

mientras que la energía cinética

$$T(\dot{\theta}) = \frac{1}{2}m\left(L\dot{\theta}\right)^2 = \frac{1}{2}mL^2\dot{\theta}^2,$$ (3.169)

el lagrangiano es, por lo tanto

$$
\begin{aligned}
L(\theta, \dot{\theta}) &= T(\dot{\theta}) - U(\theta) \\
&= \frac{1}{2}mL^2\dot{\theta}^2 - mgL(1 - \cos\theta)
\end{aligned}
$$ (3.170)

Las derivadas involucradas son

$$\frac{\partial L}{\partial \dot{\theta}} = mL^2\dot{\theta},$$

$$\frac{d}{dt}\left(\frac{\partial L}{\partial \dot{\theta}}\right) = mL^2\ddot{\theta}$$ (3.171)

$$\frac{\partial L}{\partial \theta} = -mgL\,\text{sen}\,\theta$$

Sustituyendo las derivadas de (3.171) en la ecuación de Lagrange (3.164)

$$mL^2\ddot{\theta} - (-mgL\,\text{sen}\,\theta) = 0.$$

$$\ddot{\theta}(t) + \frac{g}{L}\,\text{sen}\,(\theta(t)) = 0,$$ (3.172)

ecuación idéntica a la que se obtiene por la aplicación de la segunda ley de Newton. El modelo básico de Euler-Lagrange puede modificarse para incluir los efectos de la disipación de energía, así como la aplicación de una *fuerza generalizada* externa: una fuerza en el caso de movimiento traslacional, un momento de torsión en el caso de movimiento rotacional, un voltaje proveniente de una fuente ideal en el caso de circuitos eléctricos, etc.

Caso de estudio: sistema autoequilibrante

Considérese al autoequilibrante de la figura 32. Se trata de un sistema de desplazamiento sobre dos ruedas paralelas, cada una de las cuales puede, en principio, girar de manera independiente con respecto a la otra, este movimiento diferencial permite que el vehículo gire con respecto a un eje vertical, tanto la masa del vehículo como la de ambos neumáticos poseen un movimiento rotacional con respecto al eje geométrico común de ambas ruedas. Aún cuando consideremos que el movimiento de ambos neumáticos ocurre en perfecta sincronía y que no existe deslizamiento entre estos y la superficie horizontal, el sistema posee tres grados de libertad. Supóngase que

- El movimiento ocurre sobre una superficie plana indeformable, perfectamete horizontal, sin resistencia a la rodadura.

- No existe deslizamiento entre las ruedas y la superficie.

- La masa corporal del tripulante no sufre desplazamiento con respecto a la estructura superior del vehículo, se trata de un tripulante rígido.

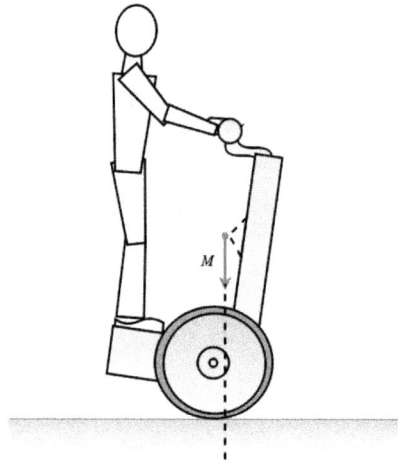

Figura 32: Mecanismo autoequilibrante.

Las condiciones enunciadas permiten considerar al vehículo autoequilibrante como un sistema de dos grados de libertad y por lo tanto su configuración depende solamente de dos coordenadas generalizadas. Establezcamos la siguiente notación

M : Masa de la estructura superior.

m : Masa de las llantas.

J_M : Momento de inercia de la estructura superior con respecto a su centro de masa G.

J_m : Momento de inercia de la llanta con respecto a su centro de masa C.

x_M : Coordenada de posición horizontal del centro de masa de la estructura superior.

x_m : Coordenada de posición horizontal del centro de masa de la llanta.

y_M : Coordenada vertical del centro de masa de la estructura superior.

ρ : Distancia entre el centro de rotación de la llanta, C, y el centro de masa de la estructura superior, G.

r : Radio de la llanta.

θ_M : Desplazamiento angular de la estructura superior, tomando como referencia la posición de equilibrio superior, en la cual la línea $\overline{CG}$ se encuentra en posición vertical, y considerando positivo el giro en sentido horario.

θ_m : Desplazamiento angular de la llanta, considerando positivo el giro en sentido horario.

Resulta conveniente escoger como coordenadas generalizadas a θ_M y θ_m. Por otra parte, es fácil comprobar las siguientes relaciones cinemáticas.

$$x_M = x_m + \rho \operatorname{sen} \theta_M, \tag{3.173}$$

$$x_m = r\theta, \tag{3.174}$$

$$y_M = \rho \cos \theta_M, \tag{3.175}$$

$$x_M = r\theta_m + \rho \operatorname{sen} \theta_M, \tag{3.176}$$

$$\dot{x}_m = r\dot{\theta}_m, \tag{3.177}$$

$$\dot{x}_M = r\dot{\theta}_m + \rho \cos \theta_M \cdot \dot{\theta}_M. \tag{3.178}$$

Dado que solamente el centro de masa de la estructura superior puede cambiar de posición durante el movimiento, si se toma como referencia para el cálculo de la energía potencial al nivel geodésico del centro C de la llanta, la energía potencial total del sistema dependerá solamente de θ_M

$$U = U(\theta_M) = Mgy_M = Mg\rho \cos \theta_m, \tag{3.179}$$

la energía cinética total es la suma de la energía cinética de la estructura superior y la energía cinética de la llanta

$$T_{\text{total}} = T_M + T_m, \tag{3.180}$$

donde cada uno de los términos consta de una componente traslacional y otra componente rotacional:

$$
\begin{aligned}
T_m &= \frac{1}{2}m\dot{x}_m^2 + \frac{1}{2}J_m\dot{\theta}_m^2 \\
&= \frac{1}{2}mr\dot{\theta}_m + \frac{1}{2}J_m\dot{\theta}_m^2 \\
&= \frac{1}{2}(mr + J_m)\dot{\theta}_m^2.
\end{aligned}
\tag{3.181}
$$

La expresión para la energía cinética de la masa superior se ve complicada por el acoplamiento entre las variables θ_M y θ_m

$$
\begin{aligned}
T_M &= \frac{1}{2}M\dot{x}_M^2 + \frac{1}{2}J_M\dot{\theta}_M^2 \\
&= \frac{1}{2}M(r\dot{\theta}_m + \rho \cos \theta_M \cdot \dot{\theta}_M^2) + \frac{1}{2}J_M\dot{\theta}_M^2
\end{aligned}
\tag{3.182}
$$

La energía cinética total es

$$T_{\text{total}} = \frac{1}{2}([m+M]r^2 + J_m)\dot{\theta}_m^2 + \frac{1}{2}(\rho^2 \cos^2 \theta_M + J_M)\dot{\theta}_M^2 + M\rho r\dot{\theta}_m\dot{\theta}_M \cos \theta_M. \tag{3.183}$$

De esta manera, el lagrangiano es

$$
\begin{aligned}
L = T_{\text{total}} - U &= \frac{1}{2}([m+M]r^2 + J_m)\dot{\theta}_m^2 \\
&+ \frac{1}{2}(\rho^2 \cos^2 \theta_M + J_M)\dot{\theta}_M^2 + M\rho r\dot{\theta}_m\dot{\theta}_M \cos \theta_M - Mg\rho \cos \theta_M.
\end{aligned}
\tag{3.184}
$$

Los términos involucrados en las ecuaciones de Lagrange se obtienen a continuación

$$\frac{\partial L}{\partial \dot{\theta}_m} = ([m + M]r^2 + J_m)\dot{\theta}_m + M\rho r\dot{\theta}_M \cos\theta_M, \tag{3.185}$$

y su derivada con respecto al tiempo

$$\frac{d}{dt}\frac{\partial L}{\partial \dot{\theta}_m} = ([m + M]r^2 + J_m)\ddot{\theta}_m + M\rho r\ddot{\theta}_M - M\rho r\dot{\theta}_M^2 \operatorname{sen}\theta_m, \tag{3.186}$$

así como

$$\frac{\partial L}{\partial \theta_m} = 0. \tag{3.187}$$

De manera similar, efectuando las operaciones con respecto a la coordenada θ_M:

$$\frac{\partial L}{\partial \dot{\theta}_M} = (\rho^2 \cos^2\theta_M + J_M)\dot{\theta}_M + M\rho r\dot{\theta}_m \cos\theta_M. \tag{3.188}$$

Derivando con respecto al tiempo

$$\frac{d}{dt}\frac{\partial}{\partial \dot{\theta}_M} = (\rho^2 \cos^2\theta_M + J_M)\ddot{\theta}_M + M\rho r\ddot{\theta}_m \cos\theta_M - M\rho r\dot{\theta}_M\theta_m \operatorname{sen}\theta_M, \tag{3.189}$$

además de

$$\frac{\partial L}{\partial \theta_M} = -M\rho r\dot{\theta}_m\dot{\theta}_M \operatorname{sen}\theta_M + Mg\rho \operatorname{sen}\theta_M. \tag{3.190}$$

Las ecuaciones de Lagrange para este sistema son

$$\begin{aligned} \frac{d}{dt}\frac{\partial L}{\partial \dot{\theta}_M} - \frac{\partial L}{\partial \theta_M} &= 0 \\ \frac{d}{dt}\frac{\partial L}{\partial \dot{\theta}_m} - \frac{\partial L}{\partial \theta_m} &= u. \end{aligned} \tag{3.191}$$

Al sustituir las derivadas indicadas en las ecuaciones de Lagrange se obtienen las ecuaciones de movimiento del sistema

$$\begin{aligned} (\rho^2 \cos^2\theta_M + J_M)\ddot{\theta}_M + M\rho r\ddot{\theta}_m \cos\theta_M - Mg\rho \operatorname{sen}\theta_M &= 0 \\ ([m + M]r^2 + J_m)\ddot{\theta}_m + M\rho r\ddot{\theta}_M \cos\theta_M - M\rho r\dot{\theta}_M^2 \operatorname{sen}\theta_M &= u \end{aligned} \tag{3.192}$$

3.7 Ejercicios

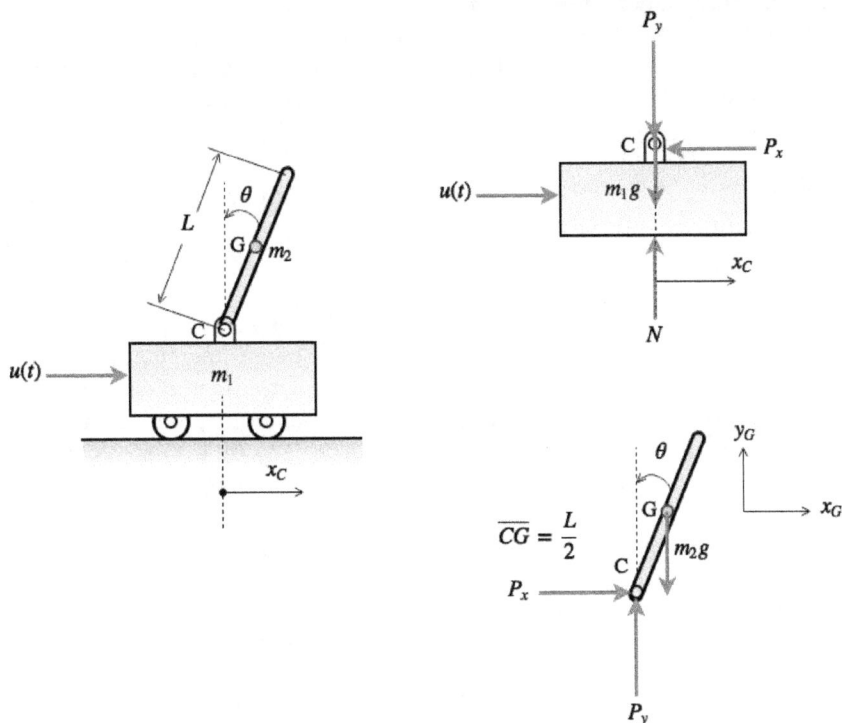

Figura 33: Péndulo invertido.

1. Hallar un modelo dinámico del vehículo descrito en la figura 31, utilizando el enfoque de Euler-Lagrange.

2. Hallar un modelo dinámico del péndulo invertido traslacional que se muestra en la figura 33.

3. Hallar las ecuaciones de movimiento del sistema de la figura 11 en la página 48 utilizando el enfoque de Euler-Lagrange.

4. Hallar las ecuaciones de movimiento del sistema rotacional de la figura 17 en la página 57 utilizando el enfoque de Euler-Lagrange.

5. Hallar las ecuaciones de movimiento del sistema rotacional de la figura 31 en la página 82 utilizando el enfoque de Euler-Lagrange.

3.8   Notas y comentarios

El material sobre mecánica vectorial desarrollado en [Beer et al., 2007] se ha convertido en una obra de consulta obligada para todo profesional de la ingeniería relacionado con la mecánica. Se puede obtener un panorama rápido en obras de consulta breve y mínima abstracción, tales como [Gotze, 1999]. La descripción contenida en [Welbourn and Smith, 1996] es aunque breve, muy instructiva respecto al proceso de análisis y diseño del funcionamiento de maquinaria de uso actual, en especial en lo que concierne a vibraciones, aunque una referencia mucho más extensa y más adaptada a la actualidad se encuentra en [Rao, 2012]. Un fundamento breve pero riguroso puede hallarse en [Landau and Lifshitz, 1994].El material contenido en [Meirovitch, 2003] es adecuado en extensión, rigor y profundidad para adentrarse en una mayor medida. El trabajo en [F.Gantmacher, 1975] es una piedra angular en lo que toca al enfoque de Euler-Lagrange, Hamilton, etc., un muestrario de ejercicios complementarios de ese nivel se puede hallar en [Kotkin and Serbo, 1988].

Una referencia general indiscutible sobre circuitos electrónicos hoy en día se encuentra en [Boylestad and Nashelsky, 2009]. La profundización en el análisis matemático de redes se halla en [Seshu and Balabanian, 1964]. Una referencia de consulta rápida, pero a la vez rigurosa se puede hallar en [Ras, 1995]. A pesar de la dificultad para hallarlo, un tratamiento acerca de circuitos lineales a través la transformada de Laplace se expone en [Kontorovich, 1999]. Los circuitos que incluyen a amplificadores operacionales se describen de manera bastante accesible en [Woods and Lawrence, 1997]. Se puede encontrar bastante integración entre los amplificadores operacionales, los componentes lógicos y de electrónica de potencia en [Lyshevski, 2008].

Sobre sistemas electromecánicos una obra que ha sido referencia durante mucho tiempo es [Gourishankar, 1975], aunque con el paso del tiempo han surgido obras que toman en cuenta el amplio abanico de este tipo de sistemas [Cetinkunt, 2007], [Bolton, 2013], [Boukas and AL-Sunni, 2011], [de Silva, 2009]. La explotación de las analogías formales entre los distintos tipos de sistemas se explora extensivamente en [Kanoop et al., 2008]. Las máquinas eléctricas constituyen sistemas electromecánicos por excelencia y una referencia de autoridad es [Fraile-Mora, 2008]. La aplicación de técnicas novedosas y eficientes de control automático a los sistemas electromecánicos se ilustra en [Lyshevski, 2008]. Un recuento amplio y accesible de aplicaciones diversas se puede hallar en [Shetty and Kolk, 2011]. En la tesis [Ruiz-Méndez, 2014] se puede hallar una descripción del uso e instrumentación de la suspensión activa.

Capítulo 4

Función de transferencia

> *The purpose of computing is insight, not numbers*[1]
>
> –Richard Hamming

4.1 La función de transferencia

La función de transferencia es un concepto de suma importancia para comprender y utilizar técnicas de análisis y diseño en varias ramas de la ingeniería desde hace bastante tiempo. Para comprender la necesidad de su empleo bastaría con recurrir a la numerosa literatura técnica y científica en las áreas de control, señales y comunicaciones que aún hoy en día sigue expresando sus resultados usando funciones de transferencia. Comencemos por la ecuación diferencial de un circuito RLC serie, en la cual consideramos como variable de entrada al voltaje u, aplicado por medio de una fuente ideal, y como salida a la carga del capacitor q; ambas cantidades son funciones del tiempo

$$L\ddot{q}(t) + R\dot{q}(t) + \frac{1}{C}q(t) = u(t) \tag{4.1}$$

Aplicando la transformada de Laplace tenemos

$$L(s^2\tilde{q}(s) - sq(0) - \dot{q}(0)) + R(s\tilde{q}(s) - q(0)) + \frac{1}{C}\tilde{q}(s) = \tilde{u}(s) \tag{4.2}$$

al despejar $\tilde{q}(s)$

$$\tilde{q}(s) = \frac{(Ls + R)q(0) + L\dot{q}(0)}{Ls^2 + Rs + \frac{1}{C}} + \frac{\tilde{u}(s)}{Ls^2 + Rs + \frac{1}{C}}. \tag{4.3}$$

Nos interesa principalmente analizar el comportamiento de la salida como respuesta a la aplicación de cierta entrada. La solución de la ecuación se obtiene por medio de la transformada inversa de Laplace

$$q(t) = \mathcal{L}^{-1}\left\{\frac{(Ls + R)q(0) + L\dot{q}(0)}{Ls^2 + Rs + \frac{1}{C}}\right\} + \mathcal{L}^{-1}\left\{\frac{\tilde{u}(s)}{Ls^2 + Rs + \frac{1}{C}}\right\} \tag{4.4}$$

---

[1]Richard Hamming (1915-1998). Ingeniero y matemático estadounidense, realizó importantes contribuciones al procesamiento de señales.

El primer término no es más que la solución de la ecuación diferencial homogénea correspondiente

$$L\ddot{q}(t) + R\dot{q}(t) + \frac{1}{C}q(t) = 0 \tag{4.5}$$

mientras que la segunda transformada inversa nos indica la contribución de la entrada $u(t)$ a la carga almancenada en el capacitor. Como en el caso presente solo nos interesa este último, y tomando en cuenta que la solución total se puede hallar por superposición de las dos contribuciones, analizaremos el caso en el que las condiciones iniciales son nulas, es decir

$$q(0) = 0, \quad \dot{q}(0) = 0. \tag{4.6}$$

De esta forma, analizamos solamente la solución complementaria

$$\tilde{q}(s) = \frac{\tilde{u}(s)}{Ls^2 + Rs + \frac{1}{C}} \tag{4.7}$$

notando que el factor que multiplica a $\tilde{u}(s)$ no depende ni de la entrada ni del tiempo, es útil escribir

$$\frac{\tilde{q}(s)}{\tilde{u}(s)} = \frac{1}{Ls^2 + Rs + \frac{1}{C}} \tag{4.8}$$

expresión que se denomina *función de transferencia* del circuito RLC. La función de transferencia es una propiedad de los sistemas lineales, la cual es independiente de la entrada, y nos proporciona información muy útil acerca del comportamiento dinámico del sistema. Ahora, consideremos un caso más general

$$a_0\frac{d^n y}{dt^n} + a_1\frac{d^{n-1}y}{dt^{n-1}} + \cdots + a_n y = b_0\frac{d^m u}{dt^m} + b_1\frac{d^{m-1}u}{dt^{m-1}} + \cdots + a_m u \tag{4.9}$$

repitiendo paso a paso el procedimiento anterior obtenemos el cociente

$$\frac{\tilde{y}(s)}{\tilde{u}(s)} = \frac{b_0 s^m + b_1 s^{m-1} + \cdots + b_{m-1}s + b_m}{a_0 s^n + a_1 s^{n-1} + \cdots + a_{n-1}s + a_n}. \tag{4.10}$$

De manera formal,

Definición 1 *La función de transferencia es el cociente de la transformada de Laplace de la salida entre la transformada de Laplace de la entrada cuando las condiciones iniciales son nulas.*

El diagrama de simulación se representa en la figura 34.

4.2 Polos y ceros

Definición 2 *Los* polos *de un sistema son las raíces del* denominador *de la función de tranferencia.*

Los polos sirven para definir las que podríamos considerar las componentes principales de la solución del sistema: los modos. Por otra parte, hay otras cantidades que, de una manera más bien sutil, ayudan a describir la respuesta del sistema, específicamente, la manera en la cual se combinan los modos, y por esa razón proporcionamos la siguiente definición.

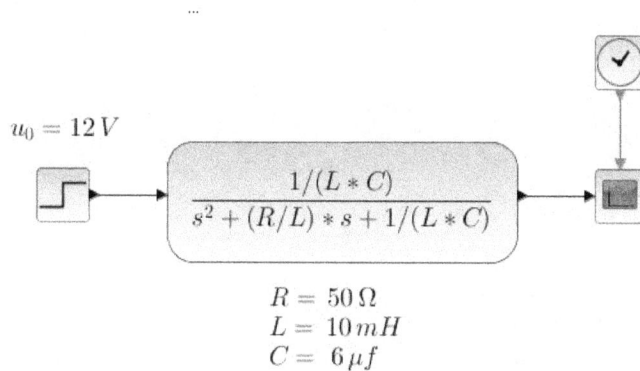

Figura 34: Función de transferencia de un circuito RLC en xcos.

Definición 3 *Los* ceros *de un sistema son las raíces del* numerador *de la función de tranferencia.*

Tomemos como ejemplo la función de transferencia del circuito RLC, a saber

$$\frac{\frac{1}{L}}{s^2 + \frac{R}{L}s + \frac{1}{LC}}$$

Debido a que el denominador es un polinomio constante, y por lo tanto no tiene raíces, el sistema carece de ceros. Por otra parte, los polos son los valores que satisfacen la ecuación

$$s^2 + \frac{R}{L}s + \frac{1}{LC} = 0 \tag{4.11}$$

la cual puede resolverse con ayuda de la conocida fórmula para resolver ecuaciones cuadráticas

$$s = \frac{-\frac{R}{L} \pm \sqrt{\left(\frac{R}{L}\right)^2 - \frac{4}{LC}}}{2} \tag{4.12}$$

es decir, los polos son

$$p_1 = -\frac{R}{2L} + \frac{1}{2}\sqrt{\left(\frac{R}{L}\right)^2 - \frac{4}{LC}}$$

$$p_2 = -\frac{R}{2L} - \frac{1}{2}\sqrt{\left(\frac{R}{L}\right)^2 - \frac{4}{LC}}. \tag{4.13}$$

4.2.1 Polos, ceros y ganancias

En realidad el cociente de polinomios

$$\frac{b_0 s^m + b_1 s^{m-1} + \cdots + b_{m-1}s + b_m}{a_0 s^n + a_1 s^{n-1} + \cdots + a_{n-1}s + a_n}, \tag{4.14}$$

solamente puede representar una función de transferencia de un sistema cuando el grado del numerador es menor que el grado del denominador, esta condición se puede formalizar.

Definición 4 *Se dice que el cociente de polinomios (4.14) es una función de transferencia propia si se cumple la condición*

$$m \leq n, \tag{4.15}$$

y estrictamente propia si

$$m < n. \tag{4.16}$$

Dado un polinomio de grado n, el teorema fundamental del álgebra expresa que dicho polinomio posee precisamente n raíces complejas, entendiendo que las posibles raíces reales son un caso especial de números complejos con la parte imaginaria nula. De ahí que el polinomio en el numerador se puede factorizar como el producto de m binomios de primer grado multiplicando a la constante b_0; si $z_1, z_2, \ldots z_m$ son los ceros del sistema, es posible escribir

$$b_0 s^m + b_1 s^{m-1} + \cdots + b_m = b_0 (s - z_1)(s - z_2) \cdots (s - z_m). \tag{4.17}$$

De manera similar, el polinomio del denominador puede factorizarse como el producto del coeficiente a_0 con n factores lineales, cada uno de los cuales es el resultado de restar uno de los n polos $p_1, p_2, \ldots, p_n$ de la variable s, es decir

$$a_0 s^n + a_1 s^{n-1} + \cdots + a_n = a_0 (s - p_1)(s - p_2) \cdots (s - p_n). \tag{4.18}$$

Tomando en cuenta (4.17) y (4.18), obtenemos una expresión alternativa para la función de transferencia

$$\frac{\tilde{y}(s)}{\tilde{u}(s)} = K \frac{(s - z_1)(s - z_2) \ldots (s - z_m)}{(s - p_1)(s - p_2) \ldots (s - p_n)}, \tag{4.19}$$

donde el factor constante $K = b_0/a_0$ se denomina *ganancia* y la forma descrita se conoce como *forma polos, ceros y ganancia* o simplemente *zpk*, por su abreviatura en inglés. La importancia de la forma zpk se resume en una palabra: diseño. Resulta que con frecuencia se requiere un sistema con ciertas características que se especifican a través de los polos, los ceros y las ganancias, y es necesario determinar los coeficientes de la ecuación diferencial, los cuales, en última instancia, son funciones de los parámetros físicos, o bien, puede considerarse que los parámetros físicos dependen de los coeficientes de la ecuación diferencial, los cuales a su vez pueden considerarse dependientes de los polos, los ceros y la ganancia.

Polos y ceros usando `scilab`

La obtención de polos y ceros puede realizarse rápidamente con ayuda de scilab. Supongamos que deseamos hallar las raíces del polinomio de quinto grado

$$p(s) = s^5 + 4s^4 + 2s^3 + 4s^2 + s + 2.$$

El primer paso es generar la variable simbólica, digamos s, por medio de

```
-->s=poly(0,'s')
 s   =

    s
```

por supuesto que podemos utilizar cualquier otra literal como símbolo. Enseguida definimos
el polinomio utilizando la notación en scilab

```
-->p=s^5+4*s^4+2*s^3+4*s^2+s+2
 p  =

             2    3    4    5
   2 + s + 4s + 2s + 4s + s
```

el comando `roots` permite obtener rápidamente las raíces buscadas

```
-->roots(p)
 ans  =

   - 3.7423023
   - 0.3984355 + 0.7887197i
   - 0.3984355 - 0.7887197i
     0.2695866 + 0.7821523i
     0.2695866 - 0.7821523i
```

La función de transferencia puede corresponder a sistemas de ecuaciones diferenciales en
las cuales se tiene más de una incógnita. Considérese el siguiente sistema de ecuaciones
diferenciales

$$
\begin{aligned}
M\ddot{x}_2(t) + c_1\dot{x}_2(t) + k_1 x_2(t) - c_1\dot{x}_1(t) - k_1 x_1(t) &= 0 \\
m\ddot{x}_1(t) + c_1\dot{x}_1(t) + (k_1 + k_2)x_1(t) - c_1\dot{x}_2(t) - k_1 x_1(t) &= k_2 u(t),
\end{aligned}
\tag{4.20}
$$

ecuación en la cual $x_1(t)$ y $x_2(t)$ son las variables dependientes, ambas incógnitas, y $u(t)$ es
la función de entrada, mientras que M, m, c_1, k_1, k_2 representan constantes del sistema. Es
evidente que, cuando se habla de obtener la función de transferencia, hay que ir más allá
y especificar cuál de las variables se considera como salida: puede ser la función incógnita
$x_1(t)$, la incógnita $x_2(t)$, e incluso una combinación de ambas (aunque este último caso
tiene que tratarse de otra manera). Escojamos el siguiente problema: hallar la función de
transferencia considerando a la entrada $u(t)$ y la salida $x_2(t)$, es decir, la función que se
busca es

$$
G(s) = \frac{\tilde{x}_2(s)}{\tilde{u}(s)}.
\tag{4.21}
$$

El procedimiento es muy parecido: en primer lugar hallar la transformada de Laplace de
cada una de las ecuaciones (4.20)

$$
\begin{aligned}
Ms^2\tilde{x}_2(s) + c_1 s\tilde{x}_2(s) + k_1\tilde{x}_2(s) - c_1 s\tilde{x}_1(s) - k_1\tilde{x}_1(s) &= 0 \\
ms^2\tilde{x}_1(s) + c_1 s\tilde{x}_1(s) + (k_1 + k_2)\tilde{x}_1(s) - c_1 s\tilde{x}_2(s) - k_1\tilde{x}_2(s) &= k_2\tilde{u}(s).
\end{aligned}
\tag{4.22}
$$

Las transformadas de Laplace de ambas incógnitas $\tilde{x}_1(s)$ y $\tilde{x}_2(s)$ aparecen en ambas ecuaciones, podemos considerar que se trata de un sistema de dos ecuaciones con ambas incógnitas,
para obtener la función de transferencia buscada es necesario eliminar una de ellas, en este

caso la incógnita sobrante es $\tilde{x}_1(s)$, así que se le puede despejar de la primera de las dos ecuaciones (4.22) para obtener

$$\tilde{x}_1(s) = \frac{(Ms^2 + c_1 s + k_1)\tilde{x}_2(s)}{c_1 s + k_1}, \tag{4.23}$$

por otra parte, de la segunda de dichas ecuaciones, agrupando términos se obtiene

$$(ms^2 + c_1 s + (k_1 + k_2))\tilde{x}_1(s) - (s_1 s + k_1)\tilde{x}_2(s) = k_2 \tilde{u}(s) \tag{4.24}$$

sustituyendo (4.23) en (4.24) se obtiene

$$(ms^2 + c_1 s + (k_1 + k_2))\frac{(Ms^2 + c_1 s + k_1)\tilde{x}_2(s)}{c_1 s + k_1} - (s_1 s + k_1)\tilde{x}_2(s) = k_2 \tilde{u}(s)$$

$$\left\{ (ms^2 + c_1 s + (k_1 + k_2))\frac{(Ms^2 + c_1 s + k_1)}{c_1 s + k_1} - (c_1 s + k_1) \right\} \tilde{x}_2(s) = k_2 \tilde{u}(s)$$

$$\left\{ (ms^2 + c_1 s + (k_1 + k_2))(Ms^2 + c_1 s + k_1) - (c_1 s + k_1)(c_1 s + k_1) \right\} \tilde{x}_2(s) = k_2(c_1 s + k_1)\tilde{u}(s)$$

$$\left\{ mMs^4 + (m + M)c_1 s^3 + ([m + M]k_1 + k_2 M)s^2 + c_1 k_2 s + k_1 k_2 \right\} \tilde{x}_2(s) = k_2(c_1 s + k_1)\tilde{u}(s) \tag{4.25}$$

Finalmente la función de transferencia buscada es

$$G(s) = \frac{\tilde{x}_2(s)}{\tilde{u}(s)} = \frac{k_2(c_1 s + k_1)}{mMs^4 + (m + M)s^3 + (k_1[m + M] + k_2 M)s^2 + k_2 c_1 s + k_1 k_2} \tag{4.26}$$

Usualmente se requiere que el coeficiente de la máxima potencia en el denominador sea la unidad, así que, dividiendo numerador y denominador entre mM se obtienen la función de transferencia en forma normalizada

$$G(s) = \frac{\left[\frac{k_2(c_1 s + k_1)}{mM}\right]}{s^4 + \frac{m+M}{mM}s^3 + \left[\frac{k_1(m+M)}{mM} + \frac{k_2}{m}\right]s^2 + \frac{k_2 c_1}{mM}s + \frac{k_1 k_2}{mM}}. \tag{4.27}$$

No hay que perder de vista que función se transferencia (4.27) fue obtenida considerando a la variable u como entrada y a x_2 como salida, si se hubiera escogido una variable distinta como entrada, una variable distinta como salida, o ambas, el resultado habría sido notoriamente distinto. Es por ello que resulta confuso el hablar de la *función de transferencia del sistema* en tanto no se haya especificado la entrada y la salida a considerar. En la sección 4.4 se discuten algunos alcances y limitaciones del concepto de la función de transferencia cuando se analiza de una entrada y/o más de una salida.

4.3   La función de transferencia como respuesta al impulso

La respuesta al impulso, como función de prueba, tiene importancia clave en la determinación de características de los sistemas lineales, además de que modela, con ayuda de la transformada de Laplace, entradas impulsivas, es decir, entradas que se aplican durante un muy breve intervalo de tiempo, generalmente con una intensidad elevada. En la figura 35 se muestra una secuencia de funciones pulso, cada una de las cuales tiene el valor constante $\frac{1}{\varepsilon_n}$ en el intervalo de ancho ε_n que es simétrico con respecto al punto $t = 0$, es decir

$$\delta_n(t) = \begin{cases} \dfrac{1}{\varepsilon_n}, & \text{si} \quad t \in \left[-\dfrac{\varepsilon_n}{2}, \dfrac{\varepsilon_n}{2}\right], \\[3mm] 0, & \text{si} \quad t \notin \left[-\dfrac{\varepsilon_n}{2}, \dfrac{\varepsilon_n}{2}\right]. \end{cases} \tag{4.28}$$

Las funciones ilustradas en la figura 35 y descritas en la ecuación (4.28) tienen un *soporte* decreciente

$$\varepsilon_1 > \varepsilon_2 > \varepsilon_3 > \cdots \tag{4.29}$$

y una altura creciente

$$\frac{1}{\varepsilon_1} < \frac{1}{\varepsilon_2} < \frac{1}{\varepsilon_3} < \cdots \tag{4.30}$$

por lo que el área bajo la curva en cada una de esas funciones es igual a 1, de ahí la denominación *pulso unitario*. Si consideramos intervalos de duración cada vez más reducida, las funciones tendrán cada vez mayor magnitud. La función *impulso unitario*, también comocida como *delta de Dirac*, es el resultado de tomar la función límite de ese proceso, es decir

$$\delta(t) = \lim_{n \to \infty} \delta_n(t), \tag{4.31}$$

donde cada $\delta_n(t)$, $n = 1, 2, \ldots$, está definida según la ecuación (4.28). La función delta de Dirac permite modelar fenómenos como el impacto de un martillo en una estructura metálica o una descarga eléctrica atmosférica sobre líneas de alta tensión. Una explicación acerca del empleo extenso de esta función, a pesar de no estar de definida de manera convencional, reside en la sencillez de su transformada de Laplace. En efecto

$$\mathcal{L}\left\{\delta(t)\right\} = 1. \tag{4.32}$$

De la definición de función de transferencia, si $\tilde{y}_{\text{imp}}(s)$ es la respuesta al impulso unitario, y $G(s)$ es la función de transferencia, es fácil notar que

$$\tilde{y}_{\text{imp}}(s) = G(s). \tag{4.33}$$

Debido a que la respuesta al impulso tiene una interpretación física bastante intuitiva, y a la sencilla relación que guarda con la función de transferencia, con frecuencia se formula una definición alternativa.

Definición 5 *La función de tranferencia de un sistema es la transformada de Laplace de su respuesta al impulso unitario.*

La función delta de Dirac, además de modelar fenómenos impulsivos, es un pilar fundamental para el análisis de señales en tiempo discreto.

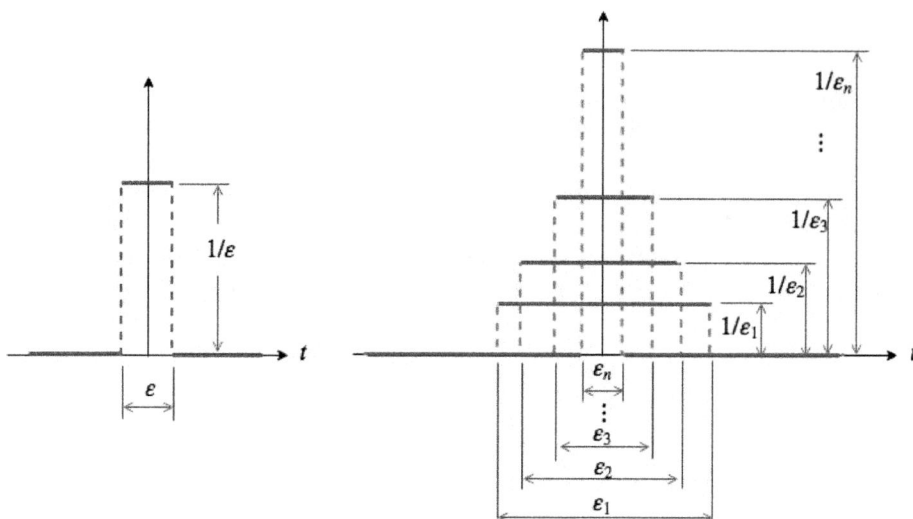

Figura 35: Secuencia de funciones pulso unitario con amplitudes crecientes.

4.4   Función de transferencia multivariable

En la secciones anteriores se obtuvieron y analizaron funciones de transferencia para ejemplos en cada uno de los cuales se identificó una sola entrada y una sola salida. A este tipo de sistemas se les denomina SISO (siglas del respectivo término en inglés: *single input single output*). En contraste, con frecuencia resulta de interés práctico el analizar el comportamiento dinámico de sistemas en los que se toma en cuenta, ya sean varias entradas, o bien varias salidas, o bien tanto múltiples entradas como múltiples salidas; los dos primeros casos se consideran como casos particulares del tercero, al que con frecuencia se hace referencia como MIMO (siglas de *multiple input-multiple output*).

Consideremos un sistema con las m entradas $u_1(t)$, $u_2(t), \ldots u_m(t)$ y con las p salidas $y_1(t), y_2(t), \ldots y_p(t)$, donde los enteros positivos m y p son, en principio, independientes uno del otro. Aunque desde el punto de vista del análisis y diseño de controladores es indispensable distinguir entre entradas de control y perturbaciones, esa distinción no resulta esencial en el tratamiento matemático que se explicará enseguida. Físicamente, el número de entradas corresponde al número total de variables de control (es decir, actuadores) que se contemplan en el modelo, sumado con el número total de perturbaciones escalares. Una vez identificadas las entradas y las salidas, queda claro que existe una función de transferencia por cada par $(\tilde{u}(s), \tilde{y}(s))$, donde $\tilde{u}(s)$ es alguna de las respectivas transformadas de Laplace

$$\tilde{u}_1(s) = \mathcal{L}\left\{u_1(t)\right\}, \quad \tilde{u}_2(s) = \mathcal{L}\left\{u_2(t)\right\}, \quad \ldots \quad , \tilde{u}_m(s) = \mathcal{L}\left\{u_m(t)\right\}, \qquad (4.34)$$

y, similarmente, $\tilde{y}(s)$ es la transformada de Laplace de alguna de las p salidas

$$\tilde{y}_1(s) = \mathcal{L}\left\{y_1(t)\right\}, \quad \tilde{y}_2(s) = \mathcal{L}\left\{y_2(t)\right\}, \quad \ldots \quad , \tilde{y}_p(s) = \mathcal{L}\left\{y_p(t)\right\}. \qquad (4.35)$$

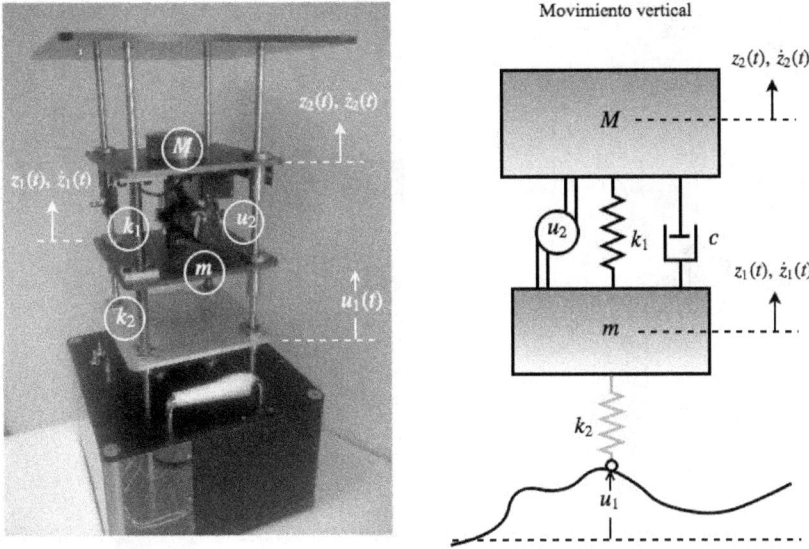

Figura 36: Suspensión activa de $Quanser\copyright$(izq.) y diagrama esquemático (der.).

Los antecedentes expuestos permiten formalizar una definición

Definición 6 *Dado un sistema con las m entradas (4.34) y las p salidas (4.35), para $i = 1, 2 \ldots, p$ y $k = 1, 2, \ldots, m$, la* función de transferencia de la entrada k-ésima entrada a la i-ésima salida *es el cociente de la transformada de Laplace $\tilde{y}_i(s)$ entre la transformadas $\tilde{u}_k(s)$, es decir*

$$G_{ik}(s) = \frac{\tilde{y}_i(s)}{\tilde{u}_k(s)}. \tag{4.36}$$

La función de transferencia multivariable *o* matriz de transferencia $G(s)$ *es la matriz que tiene como elementos a las respectivas mp funciones de transferencias, cada una asociada un de los posibles pare entrada-salida*

$$G(s) = \begin{pmatrix} G_{11}(s) & G_{12}(s) & \ldots & G_{1m}(s) \\ G_{21}(s) & G_{22}(s) & \ldots & G_{2m}(s) \\ \vdots & \vdots & \ddots & \vdots \\ G_{p1}(s) & G_{p2}(s) & \ldots & G_{pm}(s) \end{pmatrix} \tag{4.37}$$

Cada una de las componentes de la matriz de transferencia es el cociente de dos polinomios, en los que el grado del numerador no supera al grado del denominador.

Un sistema físico donde se pueden reconocer varias entradas y varias salidas se muestra en la figura 36, la cual, del lado izquierdo muestra la fotografía del banco de pruebas de la suspensión activa de $Quanser^{TM}$. [2] El bloque con masa m corresponde a la masa de

---

[2]La marca $Quanser^{TM}$ es propiedad de la compañía del mismo nombre.

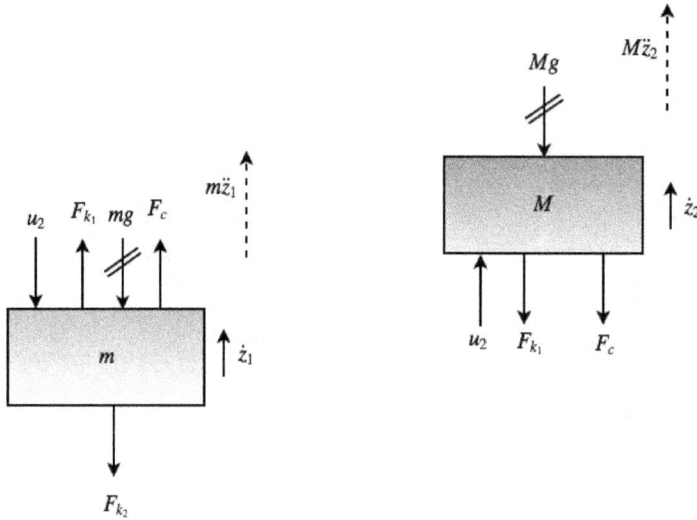

Figura 37: Diagramas de cuerpo libre de los bloques de la suspensión activa.

neumático (conocida comúnmente como *unsprung mass*) con la coordenada de posición vertical $z_1(t)$, mientras que el bloque con masa M tiene la coordenada de posición $z_2(t)$ (compárese con la figura 13, página 51). La entrada u_1 representa la altura de la placa inferior, con respecto a su nivel de referencia y es la representación a escala de la magnitud r que se indica en la figura 13. El elemento que distingue al modelo de la suspensión activa es la presencia de un actuador mecánico, en este caso un motor eléctrico, el cual se encuentra acoplado a un mecanismo que transforma el movimiento rotacional en traslacional y por lo tanto aplica una fuerza u_2. Los diagramas de cuerpo libre de ambos bloques se indican en la figura 37. La aplicación de la segunda ley de Newton, considerando como origen del sistema de coordenadas a la posición de equilibrio permite obtener las ecuaciones de movimiento

$$
\begin{aligned}
M\ddot{z}_2(t) + c_1\dot{z}_2(t) + k_1 z_2(t) - c_1\dot{z}_1(t) - k_1 z_1(t) &= u_2(t), \\
m\ddot{z}_1(t) + c_1\dot{z}_1(t) + (k_1 + k_2)z_1(t) - c_1\dot{z}_2(t) - k_1 z_2(t) &= k_2 u_1(t).
\end{aligned}
\tag{4.38}
$$

Nótese que el modelo dinámico es prácticamente idéntico al que se representa con las ecuaciones (3.32), salvo por la presencia de la entrada $u_2(t)$. La decisión de escoger qué cantidades físicas van a ser las salidas en un modelo, tiene que ver, en primer lugar, con la necesidad de medir las cantidades que resultan relevantes para resolver un problema determinado y en segundo lugar, pero no menos importante, con la disponibilidad de medios físicos para efectuar dichas mediciones, es decir, de sensores y equipo de adquisición de señales. Supongamos que tenemos la necesidad y la posibilidad de medir la coordenada vertical de cada una de las masas m y M. De hecho, en la figura 36, aunque no se han indicado todos los sensores, es posible notar la existencia de un sólo medidor de posición lineal o *encoder* para la determinación directa de $z_2(t)$. Con esta información y la ayuda del *encoder* acoplado al motor que produce $u_2(t)$ es posible, en principio, contar con valores *en tiempo real* de las variables $z_1(t)$ y $z_2(t)$. Por esta razón escojamos

$$y_1(t) = z_1(t), \quad y_2(t) = z_2(t), \quad \text{en forma vectorial } y(t) = \begin{pmatrix} z_1(t) \\ z_2(t) \end{pmatrix}. \tag{4.39}$$

Aplicando la transformada de Laplace a las ecuaciones diferenciales (4.38) se obtiene el sistema de ecuaciones algebraicas

$$Ms^2\tilde{z}_2(s) + c_1s\tilde{z}_2(s) + k_1\tilde{z}_2(s) - c_1s\tilde{z}_1(s) - k_1\tilde{z}_1(s) = \tilde{u}_2(s)$$
$$ms^2\tilde{z}_1(s) + c_1s\tilde{z}_1(s) + (k_1 + k_2)\tilde{z}_1(s) - c_1s\tilde{z}_2(s) - k_1\tilde{z}_2(s) = k_2\tilde{u}_1(s), \tag{4.40}$$

sustituyendo las transformadas de Laplace de (4.39) en el par de ecuaciones (4.40) se obtiene

$$Ms^2\tilde{y}_2(s) + c_1s\tilde{y}_2(s) + k_1\tilde{y}_2(s) - c_1s\tilde{z}_1(s) - k_1\tilde{y}_1(s) = \tilde{u}_2(s)$$
$$ms^2\tilde{y}_1(s) + c_1s\tilde{y}_1(s) + (k_1 + k_2)\tilde{y}_1(s) - c_1s\tilde{y}_2(s) - k_1\tilde{y}_2(s) = k_2\tilde{u}_1(s). \tag{4.41}$$

Las ecuaciones (4.41) pueden escribirse de manera vectorial como

$$\begin{pmatrix} -(c_1s + k_1) & Ms^2 + c_1s + k_1 \\ ms^2 + c_1s + k_1 + k_2 & -(c_1s + k_1) \end{pmatrix} \begin{pmatrix} \tilde{y}_1(s) \\ \tilde{y}_2(s) \end{pmatrix} = \begin{pmatrix} 0 & 1 \\ k_2 & 0 \end{pmatrix} \begin{pmatrix} \tilde{u}_1(s) \\ \tilde{u}_2(s) \end{pmatrix}, \tag{4.42}$$

ecuación que, de manera abreviada, se expresa convenientemente como

$$\Theta(s)\tilde{y}(s) = K\tilde{u}(s) \tag{4.43}$$

bajo la condición de que

$$\det \Theta(s) = mMs^4 + (m + M)c_1s^3 + ([m + M]k_1 + k_2M)s^2 + c_1k_2s + k_1k_2 \neq 0, \tag{4.44}$$

es posible despejar a la transformada del vector de la salida para hallar

$$\tilde{y}(s) = \Theta^{-1}(s)K\tilde{u}(s), \tag{4.45}$$

en donde la función de transferencia buscada es

$$G(s) = \Theta^{-1}(s)K, \tag{4.46}$$

Al efectuar los cálculos, y escribiendo abreviadamente se obtiene la función de transferencia buscada.

$$G_1(s) = \frac{1}{\det \Theta(s)} \begin{pmatrix} k_2(Ms^2 + c_1s + k_1) & c_1s + k_1 \\ k_2(c_1s + k_1) & ms^2 + c_1s + k_1 \end{pmatrix}. \tag{4.47}$$

La manera en que se obtuvo la función de transferencia $G_s(s)$ no es posible más que en un reducido número de casos, de por sí sujetos a la limitación de que el número de entradas sea igual al número de salidas. Para ilustrar las complicaciones de este punto, consideremos ahora el problema la función de transferencia del mismo sistema, pero considerando en esta ocasión el conjunto de tres variables de salida

$$y_1(t) = z_1(t), \quad y_2(t) = z_2(t), \quad y_3(t) = \dot{z}_2(t), \quad \text{es decir} \quad y(t) = \begin{pmatrix} z_1(t) \\ z_2(t) \\ \dot{z}_2(t) \end{pmatrix}. \tag{4.48}$$

al sustituir las transformadas de Laplace de este nuevo conjunto de variables de salida en las ecuaciones (4.40) se obtiene el sistema de dos ecuaciones algebraicas en las tres incógnitas $\tilde{y}_1(s)$, $\tilde{y}_2(s)$ y $\tilde{y}_3(s)$ como sigue

$$Ms\tilde{y}_3(s) + c_1\tilde{y}_3(s) - c_1 s\tilde{y}_1(s) - k_1\tilde{y}_1(s) = \tilde{u}_2(s)$$

$$ms^2\tilde{y}_1(s) + c_1 s\tilde{y}_1(s) + (k_1 + k_2)\tilde{y}_1(s) - c_1\tilde{y}_3(s) - k_2\tilde{y}_2(s) = k_2 u_2(s) \tag{4.49}$$

ecuaciones que pueden expresarse con ayuda de vectores y matrices

$$\begin{pmatrix} -(c_1 s + k_1) & k_1 & Ms + c_1 \\ ms^2 + c_1 s + k_1 + k_2 & -c_1 & k_1 \end{pmatrix} \begin{pmatrix} \tilde{y}_1(s) \\ \tilde{y}_2(s) \\ \tilde{y}_3(s) \end{pmatrix} = \begin{pmatrix} 0 & 1 \\ k_2 & 0 \end{pmatrix} \begin{pmatrix} \tilde{u}_1(s) \\ \tilde{u}_2(s) \end{pmatrix} \tag{4.50}$$

que, de manera compacta puede escribirse como

$$\Psi(s)\tilde{y}(s) = K\tilde{u}(s). \tag{4.51}$$

A diferencia del ejemplo anterior, no resulta posible invertir la matriz $\Psi(s)$ para resolver este sistema, ya que ni siquiera se trata de una matriz cuadrada. Una solución a este problema consiste en despejar una de las incógnitas, digamos $\tilde{y}_2(s)$ de una de las ecuaciones (4.49) y sustituirla en la restante. Esto producirá como resultado una sola ecuación con las dos incógnitas $\tilde{y}_1(s)$ y $\tilde{y}_3(s)$. Aplicando la propiedad de superposición se puede hallar $\tilde{y}_1$ si se hace arbitrariamente $\tilde{y}_3(s) = 0$ y posteriormente, haciendo $\tilde{y}_1(s) = 0$ se puede despejar $\tilde{y}_3(s)$ en términos de $\tilde{u}_1(s)$ y $\tilde{u}_2(s)$. Esto permite, a su vez, obtener la variable de salida restante $\tilde{y}_2(s)$. Este procedimiento algebraico resulta engorroso y los pasos específicos varian en cada caso, sin proporcionar información adicional acerca de las propiedades del sistema, razón por la cual, en general, la obtención de la función de transferencia multivariable partiendo de las ecuaciones dinámicas.

4.5 Ejercicios

1. Hallar la transformada de Laplace de la función $f(x) = 2x^3 + 5$.

2. Determinar la transformada de Laplace de la función $w(t) = \cos(5t)$.

3. Determinar la transformada de Laplace de la matriz

$$M(t) = \begin{pmatrix} e^{-3t} & 1 \\ -1 & e^{-3t} \end{pmatrix}. \tag{4.52}$$

4. Hallar la transformada de Laplace de $\dfrac{d^2}{dt^2}\left(e^{3t}\right)$ por dos métodos y comparar los resultados

   - Hallando primero la expresión para la segunda derivada de e^{3t} y enseguida aplicando directamente la transformada de Laplace al resultado.

   - Aplicando la fórmula para la transformada de Laplace de una derivada en términos de la transformada de la función original.

5. Hallar la transformada de Laplace de

$$\frac{d^3}{dt^3}\left(\cos(5t)\right)$$

- Derivando y luego aplicando la transformada.
- Aplicando la fórmula para la transformada de una derivada.

6. Hallar la transformada de Laplace de

$$\frac{d^2}{dt^2}\left(te^t\right)$$

- Derivando y luego aplicando la transformada.
- Aplicando la fórmula para la transformada de una derivada.

7. Hallar la transformada de Laplace de

$$\frac{d^3}{dt^3}\left(t\cos(2t)\right)$$

- Derivando y luego aplicando la transformada.
- Aplicando la fórmula para la transformada de una derivada.

8. Hallar la transformada de Laplace de

$$\frac{d^3}{dt^3}\left(t\operatorname{sen}(5t)\right)$$

- Derivando y luego aplicando la transformada.
- Aplicando la fórmula para la transformada de una derivada.

9. Hallar la transformada de Laplace de

$$\frac{d^2}{dt^2}\left(e^{2t}\cos(5t)\right)$$

- Derivando y luego aplicando la transformada.
- Aplicando la fórmula para la transformada de una derivada

10. Hallar la función de transferencia del sistema descrito por la ecuación diferencial

$$0.5\dot{y}(t) + y(t) = u(t).$$

11. Hallar la función de transferencia del sistema descrito porla ecuación diferencial

$$\frac{3}{4}\frac{dx(t)}{dt} + \frac{1}{7}x(t) = v(t)$$

12. Hallar la función de transferencia de

$$\ddot{y}(t) + 3\dot{y}(t) + 5y(t) = u(t)$$

13. Hallar la función de transferencia del sistema

$$\ddot{x}(t) + 2\dot{x}(t) + x(t) = u(t) \tag{4.53}$$

14. Hallar la función de transferencia de

$$15\ddot{\theta}(t) + 2\dot{\theta}(t) + y\theta(t) = 7\tau(t)$$

15. Determinar la función de transferencia de

$$3\ddot{w}(t) + \dot{w}(t) + w(t) = \dot{r}(t) + 4r(t)$$

16. Determinar la función de transferencia de

$$\ddot{\varphi}(t) + \varphi(t) = \tau(t)$$

17. Determinar la función de transferencia de

$$\ddot{\varphi}(t) + \varphi(t) = \dot{\tau}(t) + \tau(t)$$

18. Hallar la función de transferencia de

$$\dddot{y}(t) + 3\ddot{y}(t) + 2\dot{y}(t) + y(t) = u(t)$$

19. Hallar la función de transferencia de

$$\dddot{y}(t) + 3\ddot{y}(t) + 2\dot{y}(t) + y(t) = \dot{u}(t)$$

20. Hallar la función de transferencia de

$$\dddot{y}(t) + 3\ddot{y}(t) + 2\dot{y}(t) + y(t) = \dot{u}(t) + 2u(t)$$

21. Hallar la función de transferencia de

$$\frac{d^5y(t)}{dt^5} + 3\frac{d^4y(t)}{dt^4} + 3\frac{d^2y(t)}{dt^2} + \frac{dy(t)}{dt} + y(t) = \frac{d^2u(t)}{dt^2} + 2\frac{du(t)}{dt} + u(t),$$

    indicando los polos y ceros.

22. Hallar la función de transferencia de

$$\sum_{k=0}^{4} \frac{d^k x(t)}{dt^k} = u(t),$$

teniendo en cuenta que $\frac{d^0 x(t)}{dt^0} = x(t)$. Determinar los polos y los ceros. SUGEREN-CIA. Escribir la sumatoria de manera desarrollada y después aplicar el procedimiento habitual.

23. Hallar la función de transferencia de

$$\sum_{k=2}^{5} 2^{-k} \frac{d^k y(t)}{dt} = \sum_{k=0}^{2} \frac{d^k u(t)}{dt^k},$$

determinar también los polos y los ceros.

24. Sabiendo que los polos de una función de transferencia de un sistema de segundo orden son $p_1 = -2$, $p_2 = -3$, que no tiene ceros y que la ganancia es $K = 5$, determinar la función de transferencia en forma del cociente de dos polinomios, así como una ecuación diferencial que corresponda a dicho sistema.

25. Conociendo los polos $p_1 = -3 + j$, $p_2 = -3 - j$, $p_3 = -1$, los ceros $z_1 = 0$, $z_2 = -3$, así como la ganancia $K = 1$, determinar la función de transferencia en forma del cociente de dos polinomios, así como una ecuación diferencial asociada.

26. Conociendo los polos $p_1 = -2 + j$, $p_2 = -2 - j$, que no tiene ceros y que la ganancia es $K = 0.5$, determinar la función de transferencia en forma del cociente de dos polinomios, así como una ecuación diferencial que corresponda a dicho sistema.

27. Conociendo los polos $p_1 = -1 + j$, $p_2 = -1 - j$, $p_3 = -2$, los ceros $z_1 = 0$, $z_2 = -\frac{1}{2}$, así como la ganancia $K = 3$, determinar la función de transferencia en forma del cociente de dos polinomios, así como una ecuación diferencial asociada.

28. Sabiendo que los polos son $p_1 = -10 + 5j$, $p_2 = -10 - 5j$ y la ganancia es $K = 4000$, sin ceros, determinar los valores de los parámetros L, R y C, tales que la ecuación diferencial

$$L\ddot{q}(t) + R\dot{q}(t) + \frac{1}{C}q(t) = u(t)$$

sea la ecuación diferencial del sistema.

29. Hallar la función de transferencia de

$$\dddot{y}(t) + 3\ddot{y}(t) + 2\dot{y}(t) + y(t) = \dot{u}(t)$$

30. Sabiendo que los polos son $p_1 = -6 + 50j$, $p_2 = -6 - 50j$ y la ganancia es $K = 15$, sin ceros, determinar los valores de los parámetros J_1, c_1 y k_1, tales que la ecuación diferencial

$$J_1\ddot{\theta}(t) + c_1\dot{\theta}(t) + k_1\theta(t) = \tau(t)$$

sea la ecuación diferencial del sistema.

31. En el sistema de dos ecuaciones diferenciales

$$20\ddot{v}(t) + 15\big(\dot{v}(t) - \dot{w}(t)\big) + 300\big(v(t) - w(t)\big) = 0$$
$$5\ddot{w}(t) + 15\big(\dot{w}(t) - \dot{v}(t)\big) + 600w(t) = 600u(t),$$

considerando que la entrada es $u(t)$, hallar cada una de las funciones de transferencia $\dfrac{\tilde{v}(s)}{\tilde{u}(s)}$ y $\dfrac{\tilde{w}(s)}{\tilde{u}(s)}$. Hallar, en cada caso, los polos y los ceros del sistema.

32. En el sistema de dos ecuaciones diferenciales

$$16\ddot{\theta}(t) + 6\big(\dot{\theta}(t) - \dot{\varphi}(t)\big) + 40\big(\theta(t) - \varphi(t)\big) = 0$$
$$2\ddot{\varphi}(t) + 6\big(\dot{\varphi}(t) - \dot{\theta}(t)\big) + 100\varphi(t) = 100\tau(t),$$

considerando que la entrada es $u(t)$, hallar cada una de las funciones de transferencia $\dfrac{\tilde{\theta}(s)}{\tilde{u}(s)}$ y $\dfrac{\tilde{\varphi}(s)}{\tilde{u}(s)}$. Hallar, en cada caso, los polos y los ceros del sistema.

33. Dado el sistema

$$\dddot{y}(t) + 4\ddot{y}(t) + 3\dot{y}(t) + y(t) = \dot{u}(t) + 2u(t) - v(t) \tag{4.54}$$

hallar la función de transferencia

   a) De la entrada u a la salida y.

   b) De la entrada v a la salida y.

34. Dado el sistema

$$\dddot{x}(t) + 3\ddot{x}(t) + 2\dot{x}(t) + 5x(t) = \dot{w}(t) + 2w(t) - 3\dot{z}(t) + z(t) \tag{4.55}$$

hallar

   a) De la entrada w a la salida x.

   b) De la entrada z a la salida x.

35. Dado el sistema

$$\ddot{\theta}(t) + \dot{\theta}(t) + 5\theta(t) = \dot{\varphi}(t) + 2\xi(t) - 3\dot{\eta}(t) + \eta(t) \tag{4.56}$$

hallar

   a) De la entrada φ a la salida θ.

   b) De la entrada ξ a la salida θ.

   c) De la entrada η a la salida θ.

4.6   Notas y referencias

La función de transferencia ha sido durante mucho tiempo el enfoque fundamental debido a su accesibilidad [Ogata, 1987]. Las propiedades de sistemas modelados de esta manera se discuten ampliamente en obras dedicadas al control automático [Nise, 2011] [Franklin et al., 2002] [Goodwin et al., 2001] e incluso [Woods and Lawrence, 1997]. Una referencia inapreciable para quien busca tener un habilidad operacional es [Spiegel, 1999], mientras que un análisis más profundo se detalla en [Doetsch, 1974].

Capítulo 5

Modelos en el espacio de estados

Do not be afraid to skip equations (I do this frequently myself)[1]
–Roger Penrose

5.1 Generalidades sobre el espacio de estados

La noción de espacio de estados permite introducir al análisis de sistemas dinámicos de control la riqueza de conceptos geométricos en varias dimensiones. El uso de la función de transferencia fue extendiendo sus alcances hasta incluir la descripción de sistemas con varias entradas y varias salidas, no obstante lo cual, no resultaba el medio idóneo para tales sistemas.

Definición 7 *Se define* estado *de un sistema como la cantidad mínima de información requerida en un instante determinado para que, conociendo la entrada a partir de ese instante, se pueda determinar la salida en cualquier instante posterior.*

La noción de información mínima, puede no ser de inmediato asimilable si no se recurre a la teoría de las ecuaciones diferenciales. Al respecto, considérese esta situación: para resolver una ecuación diferencial de segundo orden

$$2\ddot{y}(t) + \dot{y}(t) + y(t) = u(t), \tag{5.1}$$

hace falta especificar, además de la función de entrada $u(t)$, el valor inicial, es decir, cuando $t = 0$, de la función incógnita $y(t)$, así como de su primera derivada, $\dot{y}(t)$, es decir, simbólicamente

$$y(0) = y_0, \quad \dot{y}(0) = \dot{y}_0. \tag{5.2}$$

Llevando más allá este concepto, podemos escribir, en lugar del sistema original (5.1), un sistema equivalente que consta únicamente de ecuaciones diferenciales de primer orden. Para ello, el primer paso es seleccionar las variables de ese nuevo sistema equivalente, las cuales se llamarán *variables de estado*. Como variables de estado es posible seleccionar

---

[1]Roger Penrose (1931-). Célebre físico, matemático y filósofo inglés. Doctorado *honoris causa* por el CINVESTAV (2015).

dos variables cualesquiera, siempre que sean linealmente independientes y que exista una transformación uno a uno entre cada solución del sistema original y cada solución del nuevo sistema, además de que dicha transformación deberá preservar la continuidad y la diferenciabilidad. Para mantener el procedimiento lo más sencillo posible, efectuamos la siguiente elección

$$\begin{aligned} x_1(t) &= y(t) \\ x_2(t) &= \dot{y}(t). \end{aligned} \tag{5.3}$$

Una vez efectuada la selección de las variables de estado, es necesario expresar el sistema equivalente de ecuaciones diferenciales de primer orden, lo cual se logra derivando miembro a miembro cada una de las identidades (5.3):

$$\begin{aligned} \dot{x}_1(t) &= \dot{y}(t) \\ \dot{x}_2(t) &= \ddot{y}(t), \end{aligned} \tag{5.4}$$

dichas derivadas deben estar expresadas en términos de las variables de estado, así que es necesario escribir (5.4) en términos de $x_1(t)$, $x_1(t)$ y $u(t)$, con ayuda de la información proporcionada de manera directa por la definición de las variables de estado (5.3), así como despejando $\dot{x}_2(t) = \ddot{y}(t)$ de la ecuación diferencial original (5.2), lo que genera el resultado

$$\begin{aligned} \dot{x}_1(t) &= x_2(t) \\ \dot{x}_2(t) &= -\frac{1}{2}x_1(t) - \frac{1}{2}x_2(t) + \frac{1}{2}u(t) \end{aligned} \tag{5.5}$$

El sistema de ecuaciones anterior se puede escribir de manera más compacta a través de una serie de pasos que comienzan por definir el *vector de estados*:

$$x(t) = \begin{pmatrix} x_1(t) \\ x_2(t) \end{pmatrix} \tag{5.6}$$

aplicando la definición de derivada de un vector, se obtiene el vector de derivadas o derivada (con respecto al tiempo) del vector de estados

$$\dot{x}(t) = \begin{pmatrix} \dot{x}_1(t) \\ \dot{x}_2(t) \end{pmatrix}. \tag{5.7}$$

Con esta notación en mente, es posible escribir el modelo en variables de estado como

$$\begin{aligned} \dot{x}(t) &= \begin{pmatrix} x_2(t) \\ -\frac{1}{2}x_1(t) - \frac{1}{2}x_2(t) + \frac{1}{2}u(t) \end{pmatrix} \\ &= \begin{pmatrix} x_2(t) \\ -\frac{1}{2}x_1(t) - \frac{1}{2}x_2(t) \end{pmatrix} + \begin{pmatrix} 0 \\ \frac{1}{2}u(t) \end{pmatrix} \\ &= \begin{pmatrix} 0 & 1 \\ -\frac{1}{2} & -\frac{1}{2} \end{pmatrix} x + \begin{pmatrix} 0 \\ \frac{1}{2} \end{pmatrix} u. \end{aligned} \tag{5.8}$$

La ecuación se puede abreviar de la siguiente manera

$$\dot{x}(t) = Ax(t) + Bu(t), \tag{5.9}$$

donde las matrices involucradas son

$$A = \begin{pmatrix} 0 & 1 \\ -\frac{1}{2} & -\frac{1}{2} \end{pmatrix}, \quad B = \begin{pmatrix} 0 \\ \frac{1}{2} \end{pmatrix}. \tag{5.10}$$

Para completar el modelo en variables de estado, es necesario indicar la ecuación de salida. La idea del modelo en variables de estado incluye la descripción de un vector que depende tanto de las variables de estado como de las variables de entrada. Si en este ejemplo escogemos como salida a la misma función incógnita, tal y como lo haríamos bajo el enfoque de la función de transferencia tenemos

$$y(t) = x_1(t) = 1 \cdot x_1(t) + 0 \cdot x_2(t) = \begin{pmatrix} 1 & 0 \end{pmatrix} \begin{pmatrix} x_1(t) \\ x_2(t) \end{pmatrix}, \tag{5.11}$$

es decir

$$y = Cx, \tag{5.12}$$

donde las componentes de la matriz C son los coeficientes de las variables de estado en la ecuación de la salida

$$C = \begin{pmatrix} 1 & 0 \end{pmatrix}. \tag{5.13}$$

En ocasiones puede también presentarse el caso en el cual la función incógnita y/o alguna de sus derivadas no aparezcan explícitamente en la ecuación diferencial. En esos casos el procedimiento para obtener el modelo en variables de estado no difiere sustancialmente de lo descrito. Por ejemplo, para obtener el modelo en variables de estado del sistema

$$w^{(IV)}(t) + 3\ddot{w}(t) = u, \text{ con la salida } y(t) = w(t), \tag{5.14}$$

seleccionamos las variables de estado como sigue

$$x_1(t) = w(t), \quad x_2(t) = \dot{w}(t), \quad x_3(t) = \ddot{w}(t), \quad x_4(t) = \dddot{w}(t), \tag{5.15}$$

de esta manera el conjunto de ecuaciones de estado es

$$\begin{aligned} \dot{x}_1(t) &= x_2(t) \\ \dot{x}_2(t) &= x_3(t) \\ \dot{x}_3(t) &= x_4(t) \\ \dot{x}_4(t) &= -3x_3(t) + u(t), \end{aligned} \tag{5.16}$$

de esta forma, el modelo en variables de estado se expresa como

$$\begin{aligned} \dot{x}(t) &= Ax(t) + Bu(t) \quad \text{(ecuación de estado)} \\ y(t) &= Cx(t) \quad \text{(ecuación de la salida)}, \end{aligned} \tag{5.17}$$

en donde

$$A = \begin{pmatrix} 0 & 1 & 0 & 0 \\ 0 & 0 & 1 & 0 \\ 0 & 0 & 0 & 1 \\ 0 & 0 & -3 & 0 \end{pmatrix}, \quad B = \begin{pmatrix} 0 \\ 0 \\ 0 \\ 1 \end{pmatrix}, \quad C = \begin{pmatrix} 1 & 0 & 0 & 0 \end{pmatrix}. \tag{5.18}$$

También es posible el caso de que, en una cierta ecuación diferencial, no aparezcan explícitamente las variables de estado, sino que la ecuación esté expresada únicamente en términos de las derivadas de más alto orden. Esto no constituye ninguna excepción al procedimiento descrito líneas arriba, tal y como se muestra en el siguiente ejemplo. Considérese la ecuación diferencial de quinto orden

$$\frac{d^5\theta(t)}{dt^5} = u(t). \tag{5.19}$$

Por lo tanto se deben selecccionar cinco variables de estado

$$x_1(t) = \theta(t), \quad x_2(t) = \dot{\theta}(t), \quad x_3(t) = \ddot{\theta}(t), \quad x_4(5) = \dddot{\theta}(t), \quad x_5(t) = \theta^{(IV)}(t) \tag{5.20}$$

así que las primeras cuatro ecuaciones de estado se determinan derivando miembro a miembro, las respectivas cuatro primeras expresiones para las variables de estado, mientras que la última de ellas se obtiene despejando (5.19), de esta manera, las ecuaciones de estado resultan

$$\begin{aligned}
\dot{x}_1(t) &= \dot{\theta}(t) = x_2(t) \\
\dot{x}_2(t) &= \ddot{\theta}(t) = x_3(t) \\
\dot{x}_3(t) &= \dddot{\theta}(t) = x_4(t) \\
\dot{x}_4(t) &= \theta^{(IV)}(t) = x_5(t) \\
\dot{x}_5(t) &= u(t).
\end{aligned} \tag{5.21}$$

De manera que las matrices del modelo en variables de estado tienen la forma

$$A = \begin{pmatrix} 0 & 1 & 0 & 0 & 0 \\ 0 & 0 & 1 & 0 & 0 \\ 0 & 0 & 0 & 1 & 0 \\ 0 & 0 & 0 & 0 & 1 \\ 0 & 0 & 0 & 0 & 0 \end{pmatrix}, \quad B = \begin{pmatrix} 0 \\ 0 \\ 0 \\ 0 \\ 1 \end{pmatrix}, \quad C = \begin{pmatrix} 1 & 0 & 0 & 0 & 0 \end{pmatrix}. \tag{5.22}$$

El modelo en variables de estado de un circuito RLC serie, considerando como variables de estado $x_1(t) = q(t)$ y $x_1(t) = i(t)$ entrada al voltaje aplicado $u(t)$ y como salida a la carga en el capacitor, es

$$\dot{x}(t) = \begin{pmatrix} 0 & 1 \\ -\frac{1}{LC} & -\frac{R}{L} \end{pmatrix} x(t) + \begin{pmatrix} 0 \\ \frac{1}{L} \end{pmatrix} u(t)$$

$$y(t) = \begin{pmatrix} 1 & 0 \end{pmatrix} x(t). \tag{5.23}$$

El diagrama para efectuar la simulación empleando `xcos` se muestra en la figura 38 (para más detalles, consultar el capítulo 7).

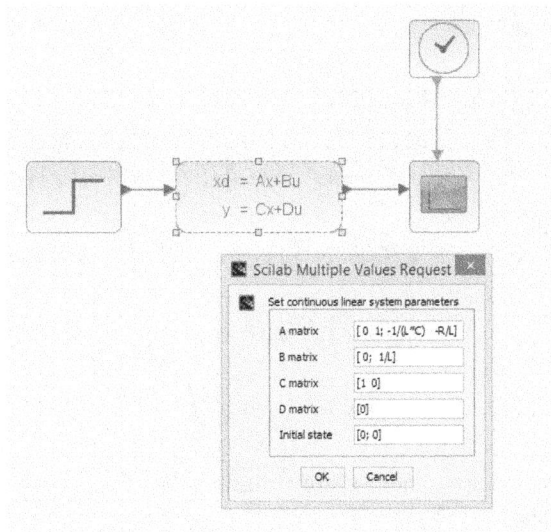

Figura 38: Modelo del circuito RLC en el espacio de estados usando `xcos`.

5.2 Solución analítica de la ecuación de estado

Considérese un modelo en el espacio de estados de un sistema lineal invariante en el tiempo

$$\dot{x}(t) = Ax(t) + Bu(t), \quad t \geq 0, \quad x(0) = x_0 \tag{5.24}$$

$$y(t) = Cx(t) + Du(t) \tag{5.25}$$

donde $x(t) \in \mathbb{R}^n$, $y(t) \in \mathbb{R}^p$, $u(t) \in \mathbb{R}^m$, y las matrices A, B, C, y D tienen dimensiones compatibles: $A \in \mathbb{R}^{n \times n}$, $B \in \mathbb{R}^{n \times m}$, $C \in \mathbb{R}^{p \times n}$ y $D \in \mathbb{R}^{p \times m}$. Aún cuando la simulación digital es la herramienta por excelencia, conocer la manera de obtener la solución analítica resulta importante cuando las consideraciones teóricas toman un papel importante, como en el caso de diseño de controladores por medio de retroalimentación de estado.

El primer paso para obtener la solución de (5.24) consiste en premultiplicar ambos miembros de dicha ecuación por la matriz exponencial e^{-At}, para luego aplicar la regla de multiplicación del producto de las funciones e^{-At} y $x(t)$.

$$e^{-At}\dot{x}(t) = e^{-At}x(t) + e^{-At}Bu(t)$$

$$e^{-At}\dot{x}(t) - e^{-At}x(t) = e^{-At}Bu(t)$$

$$\frac{d}{dt}\left(e^{-At}x(t)\right) = e^{-At}Bu(t) \tag{5.26}$$

$$d\left(e^{-At}x(t)\right) = e^{-At}Bu(t)\,dt,$$

integrando desde $t = 0$, hasta $t = T$ y posteriormente multiplicando ambos miembros de la ecuación que resulta por e^{AT}

$$e^{-AT}x(T) - e^{-A\cdot 0}x(0) = \int_0^T e^{-At}Bu(t)\,dt$$

$$e^{-AT}x(T) = e^{-A\cdot 0}x(0) + \int_0^T e^{-At}Bu(t)\,dt$$

$$e^{AT}e^{-AT}x(T) = e^{AT}Ix(0) + e^{AT}\int_0^T e^{-At}Bu(t)\,dt \qquad (5.27)$$

$$x(T) = e^{AT}x(0) + e^{AT}\int_0^T e^{-At}Bu(t)\,dt$$

$$x(T) = e^{AT}x(0) + \int_0^T e^{A(T-t)}Bu(t)\,dt$$

Cambiando de variable de integración y abreviando $x(0) = x_0$, se obtiene la fórmula para la solución de la ecuación de estado.

$$x(t) = e^{At}x_0 + \int_0^t e^{(t-\theta)A}Bu(\theta)\,d\theta, \quad t \geq 0. \qquad (5.28)$$

Un aspecto que resulta fundamental en la obtención en la solución de la ecuación de estado es la matriz exponencial $e^{(t-\theta)A}$, así que se detallará brevemente, (para mayores detalles, consultar las referencias indicadas al final del capítulo). Puede demostrarse que la función exponencial e^{At} satisface

$$e^{At} = \Phi(t)\Phi^{-1}(0), \qquad (5.29)$$

donde $\Phi(t)$ es una matriz cuadrada formada con las exponenciales de los valores propios $\lambda_1, \lambda_2, \ldots, \lambda_n$ y con los respectivos vectores propios $v_1, v_2, \ldots, v_n$. Supongamos ahora que la matriz A es diagonalizable, lo cual es posible en el caso de que tenga valores propios distintos

$$\Phi(t) = \begin{pmatrix} e^{\lambda_1 t}v_1 & e^{\lambda_2 t}v_2 & \cdots & e^{\lambda_n t}v_n \end{pmatrix}, \qquad (5.30)$$

en todo caso, si los vectores propios $v_1, v_2, \ldots, v_n$ son *linealmente independientes*, la columnas de la matriz $\Phi(t)$ son $e^{\lambda_1 t}v_1, e^{\lambda_2 t}v_2, \ldots, e^{\lambda_n t}v_n$. NOTA. Para facilitar la expresión, cuando resulta necesario se emplea la notación

$$e^{At} = \exp(At). \qquad (5.31)$$

EJEMPLO. Considérese el modelo en variables de estado del circuito RLC serie, considerando como variables de estado a la carga en el capacitor $q(t)$, así como la corriente $i(t)$, ecuación (38), con los siguientes valores: R=300 Ohms, L=80 mH y C=90 μf. La ecuación de estado es, después de sustituir valores numéricos

$$\dot{x}(t) = \begin{pmatrix} 0 & 1 \\ -138\,888.\,89 & -3750 \end{pmatrix} x(t) + \begin{pmatrix} 0 \\ 12.\,5 \end{pmatrix} u(t). \qquad (5.32)$$

los valores propios (que se pueden obtener, junto con los vectores propios, utilizando el comando `spec` de `scilab`) son $\lambda_1 = -37.\,41$, $\lambda_2 = -3712.\,6$, a partir de los cuales se pueden encontrar los vectores propios

$$v_1 = \begin{pmatrix} 0.0267 \\ -0.9996 \end{pmatrix}, \quad v_2 = \begin{pmatrix} -0.0002694 \\ 1.0000 \end{pmatrix} \tag{5.33}$$

la matriz fundamental es, de acuerdo con la ecuación (5.30)

$$\Phi(t) = \begin{pmatrix} 0.0267211e^{-37.41t} & 0.000269e^{-3712.6t} \\ -0.9996429e^{-37.41t} & 1.00000e^{-3712.6t} \end{pmatrix}, \tag{5.34}$$

además

$$\begin{aligned} \Phi^{-1}(0) &= \begin{pmatrix} v_1 & v_2 \end{pmatrix}^{-1} \\ &= \begin{pmatrix} 0.0267211 & -0.0002694 \\ 0.9996 & 1.0000 \end{pmatrix}^{-1} \\ &= \begin{pmatrix} 37.8046 & 0.0102 \\ 37.7911 & 1.0102 \end{pmatrix} \end{aligned} \tag{5.35}$$

así que, después de sustituir en las ecuaciones (5.29) y (5.30) se obtiene la matriz exponencial

$$\begin{aligned} e^{At} &= \begin{pmatrix} 0.0267\,e^{-37.41t} & 2.69 \times 10^{-4}e^{-3712t} \\ -0.999e^{-37.41t} & 1.000e^{-3712t} \end{pmatrix} \begin{pmatrix} 37.8 & 0.01102 \\ 37.69 & 1.0102 \end{pmatrix} \\ &= \begin{pmatrix} 1.01e^{-37.41t} + 2.69 \cdot 10^{-4}e^{-3712t} & 2.94 \cdot 10^{-4}e^{-37.41t} + 2.71 \cdot 10^{-4}e^{-3712t} \\ -37.79e^{-37.4t} + 37.79e^{-3712t} & -0.011e^{-37.4t} + 1.0102e^{-3712t} \end{pmatrix} \end{aligned} \tag{5.36}$$

Nótese que

$$\lim_{t \to \infty} e^{At} = \begin{pmatrix} 0 & 0 \\ 0 & 0 \end{pmatrix}, \tag{5.37}$$

esto no es casualidad y se debe al hecho de que los valores propios tienen parte real estrictamente negativa. El integrando involucrado en la obtención de la ecuación de estado (5.28) es

$$e^{(t-\theta)A}Bu(\theta) = \begin{pmatrix} 0.00368e^{-37.41(t-\theta)} + 0.0034e^{-3712(t-\theta)} \\ -0.1377e^{-37.41(t-\theta)} + 12.63e^{-3712(t-\theta)} \end{pmatrix} u(\theta), \tag{5.38}$$

de manera que la solución de la ecuación de estado, según la ecuación (5.28), es

$$\begin{aligned} x(t) = \exp&\begin{pmatrix} 0 & t \\ -138888.89t & -3750t \end{pmatrix} x(0) \\ &+ \int_0^t \begin{pmatrix} 0.00368e^{-37.41(t-\theta)} + 0.0034e^{-3712(t-\theta)} \\ -0.1377e^{-37.41(t-\theta)} + 12.63e^{-3712(t-\theta)} \end{pmatrix} u(\theta)\, d\theta. \end{aligned} \tag{5.39}$$

Para describir más detalladamente y obtener una expresión más explícita de la solución, es necesario conocer los valores de las condiciones iniciales, así como la función $u(t)$. Supongamos, por ejemplo, que los valores iniciales, tanto de la carga del capacitor como de la corriente del circuito, son nulos: $x_1(0) = q(0) = 0$ y $x_2(0) = i(0) = 0$, y que la función de entrada es la función escalón unitario:

$$u(t) = \begin{cases} 0, & \text{si} \quad t < 0, \\ 1, & \text{si} \quad t \geq 0. \end{cases} \tag{5.40}$$

De esta forma, la solución de este ejemplo, dada por la ecuación (5.39) es

$$\begin{aligned} x(t) &= \int_0^t \begin{pmatrix} 0.00368e^{-37.41(t-\theta)} + 0.0034e^{-3712(t-\theta)} \\ -0.1377e^{-37.41(t-\theta)} + 12.63e^{-3712(t-\theta)} \end{pmatrix} u(\theta)\, d\theta \\ &= \begin{pmatrix} 9.84 \times 10^{-3}e^{-37.41(t-\theta)} + 9 \times 10^{-7}e^{-3712(t-\theta)} \\ -3.68 \times 10^{-3}e^{-37.41(t-\theta)} + 3.4 \times 10^{-3}e^{-3712(t-\theta)} \end{pmatrix}\Bigg|_{\theta=0}^t \end{aligned} \tag{5.41}$$

al efectuar las operaciones indicadas se obtiene la solución

$$x(t) = \begin{pmatrix} 9.84 \times 10^{-3}(1 - e^{-37.41t}) + 9 \times 10^{-7}(1 - e^{-3712t}) \\ -3.68 \times 10^{-3}(1 - e^{-37.41t}) + 3.4 \times 10^{-3}(1 - e^{-3712t}) \end{pmatrix}. \tag{5.42}$$

El interés en la construcción de la solución de la ecuación de estado no reside en la obtención de los valores numéricos de las soluciones, sino en la información cualitativa que brindan acerca del comportamiento dinámico de los sistema. Las soluciones numéricas son susceptibles de obtenerse por medio de una gran variedad de prgramas de cómputo actualmente disponibles.

5.3   Función de transferencia a partir de variables de estado

La definición de función de transferencia parece sugerir que solamente es posible expresar funciones de transferencia para sistemas con una sola entrada y una sola salida (SISO, siglas de *single input-single output*), pero una revisión del concepto de cociente, permite precisar que en la relación entre la entrada $\tilde{u}(s)$ y la salida $\tilde{y}(s)$, de un sistema con la función de transferencia $G(s)$, es decir

$$\tilde{y}(s) = G(s)\tilde{u}(s), \tag{5.43}$$

tanto la entrada como la salida pueden ser no solamente funciones escalares, sino también vectores que tienen como componentes a las trasnformadas de Laplace de las componentes de la entrada $u(t)$ y la salida $y(t)$, el único requisito adicional que se debe cumplir es que la función de transferencia sea una matriz en la que el número de filas sea igual al número de salidas del sistema y el número de columnas sea igual al número de componentes del vector de entradas. Entonces la función de transferencia es una matriz

$$G(s) = \begin{pmatrix} G_{11}(s) & G_{12}(s) & \cdots & G_{1m}(s) \\ G_{21}(s) & G_{22}(s) & \cdots & G_{2m}(s) \\ \cdots & \cdots & \ddots & \vdots \\ G_{p1}(s) & G_{p2}(s) & \cdots & G_{pm}(s) \end{pmatrix} \tag{5.44}$$

Cada una de las componentes de la función de transferencia tiene un significado preciso: para $i = 1, 2, \ldots, p$ y $j = 1, 2, \ldots, m$, la componente $G_{ij}(s)$ es la función de transferencia de la j-ésima entrada a la i-ésima salida, es decir

$$G_{ij}(s) = \frac{\tilde{y}_i(s)}{\tilde{u}_j(s)}, \text{ es decir } \tilde{y}_i(s) = G_{ij}(s)\tilde{u}_j(s). \tag{5.45}$$

Puesto que se trata de una función de transferencia de un sistema de orden n, la función $G_{ij}(s)$ es una expresión racional que tiene un polinomio de orden n en denominador, digamos $d_{ij}(s)$ y un polinomio de orden no mayor a n en el numerador, digamos $n_{ij}(s)$; es posible, sin embargo, que exista cancelación de polos y ceros entre el denominador y el numerador, dando como resultado un polinomio de grado menor que n en el denominador. De esta forma la función de transferencia de un sistema de varias entradas y varias salidas (MIMO, por *multiple input-multiple output*), puede expresarse, de manera general como una *función racional*

$$G(s) = \begin{pmatrix} \frac{n_{11}(s)}{d_{11}(s)} & \frac{n_{12}(s)}{d_{12}(s)} & \cdots & \frac{n_{1m}(s)}{d_{1m}(s)} \\ \frac{n_{21}(s)}{d_{21}(s)} & \frac{n_{22}(s)}{d_{22}(s)} & \cdots & \frac{n_{2m}(s)}{d_{2m}(s)} \\ \cdots & \cdots & \ddots & \vdots \\ \frac{n_{p1}(s)}{d_{p1}(s)} & \frac{n_{p2}(s)}{d_{p2}(s)} & \cdots & \frac{n_{pm}(s)}{d_{pm}(s)} \end{pmatrix}. \tag{5.46}$$

En principio, se puede obtener cada componente de (5.46) aplicando la transformada de Laplace y despejando la salida $\tilde{y}_i(s)$ en términos de las entradas $\tilde{u}_1(s)$, $\tilde{u}_2(s), \ldots \tilde{u}_m(s)$, agrupando los coeficientes que tienen como factor común a cada una de las entradas:

$$\tilde{y}_i(s) = \frac{n_{i1}(s)}{d_{i1}(s)}\tilde{u}_1(s) + \frac{n_{i2}(s)}{d_{i2}(s)}\tilde{u}_2(s) + \cdots + \frac{n_{im}(s)}{d_{im}(s)}\tilde{u}_m(s), \quad i = 1, 2, \ldots, p. \tag{5.47}$$

Existe una alternativa elegante cuando se conoce la ecuación de estado. En primer lugar se obtiene la transformada de Laplace de las ecuaciones (5.24) y (5.25)

$$s\tilde{x}(s) - x(0) = A\tilde{x}(s) + B\tilde{u}(s) \tag{5.48}$$

$$\tilde{y}(s) = C\tilde{x}(s) + D\tilde{u}(s). \tag{5.49}$$

La ecuación (5.48) involucra a la entrada $\tilde{u}(s)$, pero no a la salida $\tilde{y}(s)$, mientras que la ecuación (5.49) involucra a la salida solamente, pero no a la entrada, de manera que es necesario utilizar ambas ecuaciones. Manipulando la primera de estas ecuaciones se obtiene

$$(sI - A)x(s) = x_0 + Bu(s),$$
$$\tilde{x}(s) = (sI - A)^{-1}(x_0 + B\tilde{u}(s)), \tag{5.50}$$

tratándose de obtener la función de transferencia, $x_0 = 0$ por definición. Por ello, la transformada de Laplace del vector de estado cuando las condiciones iniciales son nulas es

$$\tilde{x}(s) = (sI - A)^{-1}B\tilde{u}(s) \tag{5.51}$$

sustituyendo (5.51) en (5.49) se tiene

$$\tilde{y}(s) = [C(sI - A)^{-1}B + D]\tilde{u}(s), \tag{5.52}$$

comúnmente, los sistemas no exhiben influencia directa de la entrada sobre la salida, la forma general (5.49) ocurre generalmente cuando se ha obtenido un modelo en variables de estado a partir de la *realización* de una función de transferencia. Por lo tanto es conveniente suponer que la matriz $D = 0$, por lo tanto

$$\tilde{y}(s) = C(sI - A)^{-1}B\tilde{u}(s), \tag{5.53}$$

en pocas palabras, la función de transferencia es

$$G(s) = C(sI - A)^{-1}B. \tag{5.54}$$

En el proceso de obtener (5.54) apareció el factor

$$(sI - A)^{-1}, \tag{5.55}$$

el cual es una matriz cuadrada de $n \times n$ y tiene importancia en sí misma, ya que es posible probar que la matriz exponencial se obtiene a partir de ella por medio de la transformación inversa de Laplace

$$\mathcal{L}^{-1}\left\{(sI - A)^{-1}\right\} = e^{At}. \tag{5.56}$$

Otras propiedades de la matriz exponencial son

- Si las matrices cuadradas del mismo orden A y B son tales que $AB = BA$, entonces $e^{t(A+B)} = e^{tA}e^{tB}$, para todo $t \in \mathbb{R}$.

- La matriz exponencial e^{tA} es no singular para cada t, y $(e^{tA})^{-1} = e^{-tA}$.

- Si S es una matriz no singular, entonces $S^{-1}e^{tA}S = e^{t(S^{-1}AS)}$ para todo t. Más propiedades, aplicaciones y métodos para obtenerla, se pueden hallar en las referencias al final del capítulo.

5.4 Linealización de modelos en el espacio de estados

Los conceptos de *estado*, *variables de estado* y *ecuaciones de estado* son bastante amplios y no se limitan a los sistemas lineales invariantes en el tiempo. Es posible obtener modelos implícitos de sistemas no lineales, de la forma general

$$\varphi_1(\dot{x}, x, u) = 0$$
$$\cdots\cdots \tag{5.57}$$
$$\varphi_n(\dot{x}, x, u) = 0,$$

o, de manera abreviada en forma de ecuación vectorial de variable vectorial

$$\boldsymbol{\varphi}(x, u) = 0, \tag{5.58}$$

La cual se puede despejar para obtener

$$\dot{x}_1 = f_1(x_1, \ldots, x_n, u_1, \ldots, u_m)$$
$$\cdots\cdots \tag{5.59}$$
$$\dot{x}_n = f_n(x_1, \ldots, x_n, u_1, \ldots, u_m),$$

o, en forma de ecuación vectorial, como

$$\dot{x} = f(x, u, t) \tag{5.60}$$

en el análisis del sistema no lineal (5.60) juega un papel clave la noción de *puntos de equilibrio*, puntos de reposo (a veces, también conocidos como punto singulares o puntos fijos, pero estos dos términos propician confusiones). Se trata de puntos $x^* = (x_1^*, x_2^*, \ldots, x_n^*)^T$ en el espacio de estados en los cuales las derivadas de las variables de estado se hacen cero.

$$\dot{x} = 0, \quad \text{es decir} \quad f(x^*, u) = 0, \quad \text{que equivale a} \quad \begin{cases} f_1(x_1^*, \ldots, x_n^*, u_1, \ldots, u_m) = 0 \\ \quad \vdots \\ f_n(x_1^*, \ldots, x_n^*, u_1, \ldots, u_m) = 0 \end{cases} \tag{5.61}$$

Esto significa que si los valores iniciales de las variables de estado son *exactamente* las coordenadas de un punto de equilibrio, el sistema permanecerá en ese punto. Desde la perspectiva del control de procesos, los puntos de equilibro están relacionados con el concepto *puntos de operación*. La ecuación de estado con frecuencia puede formularse acompañada de la *ecuación de la salida* o *ecuación de la observación*

$$y = h(x, u), \quad \text{equivalente a} \quad \begin{cases} y_1 = h_1(x, u) \\ \quad \vdots \\ y_p = h_p(x, u) \end{cases} \tag{5.62}$$

Existen varias técnicas y enfoques para obtener un modelo linealizado. Una de ellas es la linealización arpoximada basada en la serie de Taylor, la cual requiere hallar los puntos de equilibrio. El modelo resultante es un modelo incremental.

$$\begin{aligned} \dot{x}(t) &= A \cdot (x(t) - x^*) + B \cdot (u(t) - u^*) \\ y(t) &= C \cdot (x(t) - x^*) + D \cdot (u(t) - u^*), \end{aligned} \tag{5.63}$$

en donde

$$A = \begin{pmatrix} \frac{\partial f_1}{\partial x_1} & \cdots & \frac{\partial f_1}{\partial x_n} \\ \vdots & \ddots & \vdots \\ \frac{\partial f_n}{\partial x_1} & \cdots & \frac{\partial f_n}{\partial x_n} \end{pmatrix}_{x=x^*} \quad B = \begin{pmatrix} \frac{\partial f_1}{\partial u_1} & \cdots & \frac{\partial f_1}{\partial u_m} \\ \vdots & \ddots & \vdots \\ \frac{\partial f_n}{\partial u_1} & \cdots & \frac{\partial f_n}{\partial u_m} \end{pmatrix}_{x=x^*}$$

$$C = \begin{pmatrix} \frac{\partial h_1}{\partial x_1} & \cdots & \frac{\partial h_1}{\partial x_n} \\ \vdots & \ddots & \vdots \\ \frac{\partial h_p}{\partial x_1} & \cdots & \frac{\partial h_p}{\partial x_n} \end{pmatrix}_{x=x^*} \quad D = \begin{pmatrix} \frac{\partial h_1}{\partial u_1} & \cdots & \frac{\partial h_1}{\partial u_m} \\ \vdots & \ddots & \vdots \\ \frac{\partial h_p}{\partial u_1} & \cdots & \frac{\partial h_p}{\partial u_p} \end{pmatrix}_{x=x^*} \tag{5.64}$$

Un caso muy recurrente de linealización se da cuando la posición de equilibrio es el origen sin la aplicación de ninguna entrada externa.

Considérese el ejemplo del péndulo simple,

$$\ddot{\theta}(t) + \frac{g}{L}\text{sen}\,(\theta(t)) = u(t), \tag{5.65}$$

suponiendo que se cuenta con instrumentos para medir en tiempo real tanto la posición como la velocidad angular.

$$h_1 = \alpha\theta, \quad h_2 = \beta\dot\theta. \tag{5.66}$$

El modelo en variables de estado es

$$\text{variables} \begin{cases} x_1 = \theta \\ x_2 = \dot\theta \end{cases} \quad \text{ec. de estado} \begin{cases} \dot{x}_1 = x_2 \\ \dot{x}_2 = -\frac{g}{L}\,\text{sen}\,x_1 \end{cases} \quad \text{ec. de salida} \begin{cases} h_1 = \alpha x_1 \\ h_2 = \beta x_2 \end{cases}$$

$$\tag{5.67}$$

es decir

$$f(x) = \begin{pmatrix} x_2 \\ -\frac{g}{L}\,\text{sen}\,\theta \end{pmatrix}, \quad \text{y} \quad h(x) = \begin{pmatrix} \alpha x_1 \\ \beta x_2 \end{pmatrix}. \tag{5.68}$$

La aplicación de las expresiones (5.64) conduce a la expresión

$$A = \begin{pmatrix} \frac{\partial x_2}{\partial x_1} & \frac{\partial x_2}{\partial x_2} \\ \frac{\partial}{\partial x_1}\left(-\frac{t}{L}\,\text{sen}\,x_1\right) & \frac{\partial}{\partial x_2}\left(-\frac{g}{L}\,\text{sen}\,x_1\right) \end{pmatrix}_{x_1=0,x_2=0} = \begin{pmatrix} 0 & 1 \\ -\frac{g}{L} & 0 \end{pmatrix}$$

$$B = \begin{pmatrix} \frac{\partial x_2}{\partial u} \\ \frac{\partial}{\partial u}\left(-\frac{t}{L}\,\text{sen}\,x_1 + u\right) \end{pmatrix}_{x_1=0,x_2=0} = \begin{pmatrix} 0 \\ 1 \end{pmatrix} \tag{5.69}$$

$$C = \begin{pmatrix} \frac{\partial \alpha x_1}{\partial x_1} & \frac{\partial \alpha x_1}{\partial x_2} \\ \frac{\partial \beta x_2}{\partial x_1} & \frac{\partial \beta x_2}{\partial x_2} \end{pmatrix}_{x_1=0,x_2=0} = \begin{pmatrix} \alpha & 0 \\ 0 & \beta \end{pmatrix}$$

El procedimiento de linealización ha permitido extender aplicar a sistemas no lineales técnicas de control desarrolladas originalmente para sistemas lineales.

5.5 Ejercicios sobre variables de estado

1. Investigar el concepto de *estado de un sistema* desde el punto de vista

   - De la mecánica clásica.
   - Mecánica cuántica.
   - Termodinámica.
   - Ingeniería química.
   - Electrónica digital.
   - Lógica neumática.
   - Ingeniería de control.

2. Hallar un modelo en variables de estado

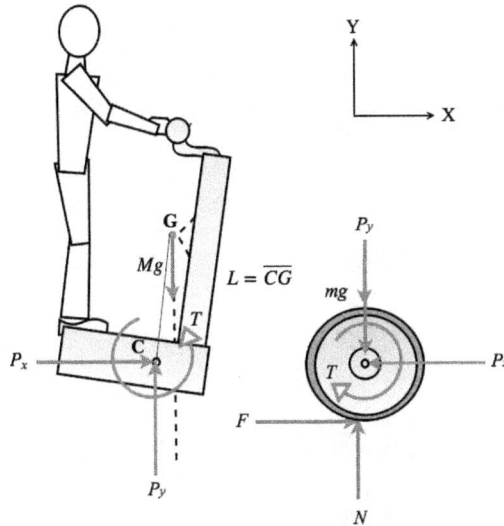

Figura 39: Mecanismo autoequilibrante.

del mecanismo autoequilibrante que se muestra en la figura 32, de la página 88. En caso de emplear el enfoque newtoniano, auxiliarse de los diagramas de cuerpo libre de la figura 39.

3. Hallar un modelo en variables de estado del péndulo invertido traslacional que se muestra en la figura 33, de la página 91.

5.6   Notas y referencias

Un enfoque accesible sobre las variables de estado se puede hallar en [Domínguez et al., 2002]. Una obra de consulta breve, pero con una excursión por despreocupada por conceptos más avanzados es [Aplevich, 2000]. Entre las referencias clásicas enfocadas a un abanico amplio de problemas de ingeniería se encuentra [Kecman, 1988]. Los textos de control automático no se conciben sin un buen repertorio acerca de los modelos en espacios de estados [Nise, 2011], [Boukas and AL-Sunni, 2011]. El procedimiento para obtener la solución de la ecuación de estado fue obtenido de [Terrel, 2009].

Capítulo 6

Análisis de la respuesta transitoria

The human brain is incapable of creating anything which is really complex.[1]
–ANDREY KOLMOGOROV

Al utilizar un sistema, llámese motor, componente electrónico, transistor, rodillo, etc., hay dos aspectos relacionados con su comportamiento, los cuales resultan ser de máxima importancia:

1. Saber si las variables de interés alcanzarán los valores deseados cuando el sistema ha alcanzado el régimen de operación. Esa situación se describe por medio de la *respuesta estacionaria*.

2. Asegurarse de que, en el lapso de tiempo antes de alcanzar la respuesta estacionaria, los valores de las salidas varíen de una manera que no provoque efectos secundarios indeseables, cualquiera que sea su duración. Además, es deseable que la respuesta estacionaria se alcance lo antes posible. Los fenómenos que ocurren en dicho lapso de tiempo, se denominan *respuesta transitoria*.

Las ecuaciones diferenciales que modelan los sistemas lineales invariantes en el tiempo tienen la forma general

$$\alpha_0 \frac{d^n y(t)}{dt^n} + \alpha_1 \frac{d^{n-1} y(t)}{dt^{n-1}} + \cdots + \alpha_{n-1} \frac{dy(t)}{dt} + \alpha_n y(t) = u(t), \qquad (6.1)$$

en donde el miembro derecho $u(t)$ es una función que puede ser el resultado de la suma de varios términos, casi tan complicada como se desee, incluso puede ser discontinua, el único requisito que se impondrá será la existencia de su transformada de Laplace. La ecuación homegénea asociada con (6.1) es la ecuación que se obtiene considerando $u(t) \equiv 0$. La solución general de la ecuación diferencial lineal no homogénea (6.1) puede considerarse como la suma de dos términos

$$y(t) = y_h(t) + y_c(t) \qquad (6.2)$$

---

[1] Andrey Kolmogorov (1903-1987). Matemático ruso de la era soviética. Nunca conoció a sus padres y fue educado por su familia materna; llegó con el tiempo a ser considerado el matemático ruso más destacado del siglo XX. Formalizó las bases de la teoría de la probabilidad mediante los axiomas que ahora llevan su nombre y formuló un concepto sólido de *complejidad*.

- RESPUESTA NATURAL O RESPUESTA LIBRE, $y_h(t)$. La solución de la ecuación homogénea está asociada mayormente con la respuesta transitoria, su valor depende de las n condiciones iniciales

$$y(0) = y(t)|_{t=0}, \quad y'(0) = \left.\frac{dy(t)}{dt}\right|_{t=0}, \quad \cdots \quad, y^{(n-1)}(0) = \left.\frac{d^{n-1}y(t)}{dt^{n-1}}\right|_{t=0} \quad (6.3)$$

  asimismo, sus características dinámicas están asociadas con la ubicación de los *polos* en el plano complejo.

- RESPUESTA FORZADA, $y_c(t)$. La solución que corresponde a la excitación externa o entrada, está caracterizada por el hecho de que depende de la función de la entrada $u(t)$.

El sistema descrito por la ecuación (6.1) se considera estable cuando

$$\lim_{t\to\infty} y_h(t) = 0, \quad (6.4)$$

para cualesquiera condiciones iniciales (6.3). En el caso de los sistemas lineales, existe un lapso de tiempo a partir del cual puede considerarse, para todos los efectos prácticos, que la respuesta natural alcanza permanentemente el 0. Ese valor se encuentra estrechamente relacionado con los polos del sistema y es fácil de estimar directamente a partir de los coeficientes en los sistemas de primero y segundo orden. Se dice que la solución ha alcanzado su *régimen estacionario* cuando la componente libre se ha extinguido.

Definición 8 *La respuesta transitoria es la respuesta $y(t)$ del sistema (6.1) a la entrada $u(t)$, durante el lapso comprendido entre $t = 0$ y el instante en el cual el sistema alcanza el régimen estacionario.*

6.1   Respuesta transitoria de sistemas de primer orden

La función de transferencia de un sistema de primer orden representado por la ecuación diferencial

$$\alpha_0 \frac{dx(t)}{dt} + \alpha_1 x(t) = \beta u(t) \quad (6.5)$$

donde $\alpha_0 \alpha_1 > 0$ y $\beta \neq 0$. Aplicando la transformada de Laplace ambos miembros de la ecuación y considerando $x(0) = 0$, (6.5) se obtiene

$$\mathcal{L}\left\{\alpha_0 \frac{x(t)}{dt} + \alpha_1 x(t)\right\} = \mathcal{L}\left\{\beta u(t)\right\}$$

$$\alpha_0 s\tilde{x}(s) + \alpha_1 \tilde{x}(s) = \beta \tilde{u}(s)$$

$$(\alpha_0 s + \alpha_1)\tilde{x}(s) = \beta \tilde{u}(s) \quad (6.6)$$

$$\tilde{x}(s) = \frac{A}{\tau s + 1} \cdot \tilde{u}(s),$$

A la función de transferencia

$$\frac{A}{\tau s + 1}, \quad (6.7)$$

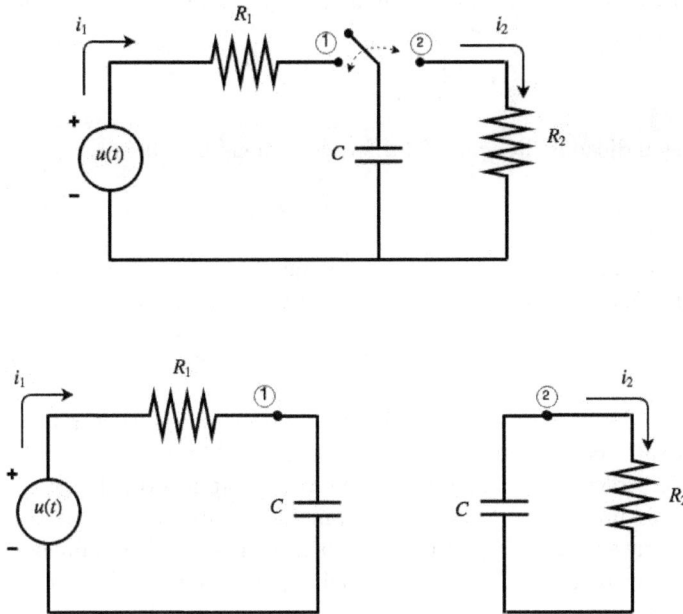

Figura 40: Circuito de carga y descarga de una lámpara *flash*.

le denominaremos *forma estándar* o *forma normalizada* de la función de transferencia de primer orden. Nótese que el término independiente en el denominador es igual a la unidad. La constante en el numerador $A = \frac{\beta}{\alpha_1} \neq 0$ se denomina ganancia, y el coeficiente del término de primer grado, es decir $\tau = \frac{\alpha_0}{\alpha_1} > 0$, en el denominador se denomina *constante de tiempo* y tiene un papel fundamental en la descripción de la respuesta transitoria.

La figura 40 muestra el diagrama esquemático del circuito de carga y descarga de la lámpara de destellos o *flash* que poseen algunas cámaras fotográficas. Básicamente consta de una batería la cual, mientras se encuentre debidamente cargada, puede considerarse como una fuente de voltaje ideal, así como de un interruptor conmutador ideal que puede encontrarse en dos posiciones: la posición 1 carga el capacitor, y la posición 2 de descarga. La resistencia del lado derecho representa la resistencia de una lámpara elaborada de un material que transforma gran cantidad de la energía en forma de rayos luminosos, $R_2 << R_1$. El voltaje de la batería, junto con la posición del interruptor determinan la entrada $u(t)$ aplicada al circuito cuando se efectúa la carga. La ecuación diferencial del circuito durante la etapa de carga es

$$R\frac{dq(t)}{dt} + \frac{1}{C}q(t) = u(t). \tag{6.8}$$

Considerando que el capacitor se encuentre inicialmente descargado y el conmutador se cierre abruptamente en la posición 1 cuando $t = 0$, aplicando, por consiguiente, el voltaje constante u_0 a partir de dicho instante, se puede modelar $u(t)$ como una función escalón

$$u(t) = \begin{cases} 0, & \text{si} & t < 0 \\ u_0, & \text{si} & t \geq 0 \end{cases} \qquad (6.9)$$

Bajo las condiciones indicadas, la ecuación diferencial tiene la solución

$$q(t) = Cu_0(1 - e^{-\frac{1}{RC}t}), \qquad (6.10)$$

la cual representa una curva exponencial que inicia en el origen y que conforme transcurre el tiempo crece monotónicamente, alcanzando valores cada vez mayores hasta llegar al *valor estacionario*

$$q_{ss} = \lim_{t \to \infty} q(t) = Cu_0. \qquad (6.11)$$

En el proceso de carga del captior, es de máximo interés conocer qué tan rápido es posible garantizar que ocurra la carga completa. En este sentido, la ecuación (6.11), aún cuando establece que el valor estacionario Cu_0 depende del voltaje aplicado y de la capacitancia, no proporciona por sí sola información que resulte completamente satisfactoria desde el punto de vista práctico. Para ello es indispensable explorar con mayor detenimiento la solución (6.10), en la cual el parámetro RC juega un papel explicativo crucial. Calculemos el valor de $q(t)$ en distintos instantes

$$t = RC, \quad t = 2RC, \quad t = 3RC, \quad t = 4RC, \quad t = 5RC, \quad t = 6RC, \qquad (6.12)$$

en función de Cu_0. Los resultados son ilustrativos. Después de sustituir en cada caso el respectivo valor de t y simplificar algebraicamente, queda una función exponencial con un valor numérico bien definido

$$\begin{aligned} q(RC) &= Cu_0(1 - e^{-1}) = 0.6321Cu_0, \\ q(2RC) &= Cu_0(1 - e^{-2}) = 0.8447Cu_0, \\ q(3RC) &= Cu_0(1 - e^{-3}) = 0.9502Cu_0, \\ q(4RC) &= Cu_0(1 - e^{-4}) = 0.9817Cu_0, \\ q(5RC) &= Cu_0(1 - e^{-5}) = 0.9933Cu_0, \\ q(6RC) &= Cu_0(1 - e^{-6}) = 0.9975Cu_0. \end{aligned} \qquad (6.13)$$

Comparando (6.5) con (6.10), la constante de tiempo en este ejemplo es $\tau = RC$ y de (6.13) se concluye que, cuando ha transcurrido un periodo de tiempo igual a dicha constante de tiempo, la carga ha alcanzado el 63.21 % de su valor estacionario, mientras que cuando ha transcurrido el quíntuple de ese lapso, la carga alcanzó el 99.33 % de dicho valor. En realidad, esta situación no es exclusiva de un circuito RC serie, puesto que, cuando $x(0) = 0$ y la entrada es la función escalón unitario, la solución de (6.5) puede escribirse como

$$x(t) = A(1 - e^{-\frac{1}{\tau}t}). \qquad (6.14)$$

La discusión anterior sugiere una definición de constante de tiempo en relación con el papel que juega en la respuesta del sistema.

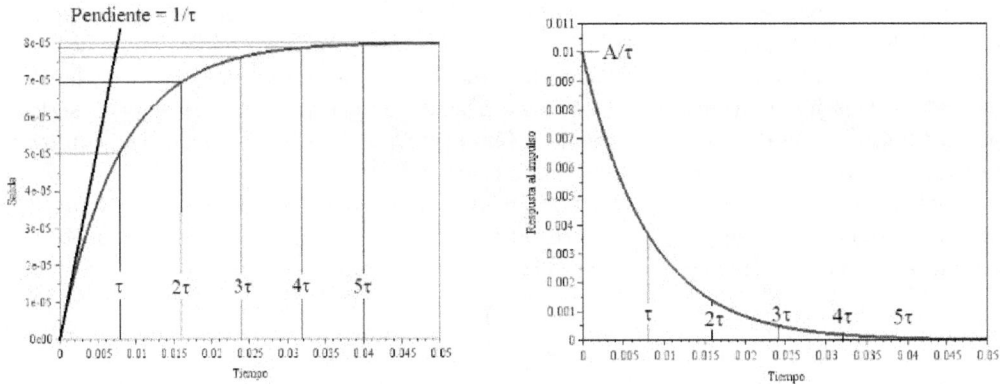

Figura 41: Respuesta al escalón (izq.) y respuesta al impulso (der.) de un sistema de primer orden.

Definición 9 *La* constante de tiempo *del sistema de primer orden (6.5) es el tiempo que tarda la respuesta del sistema en llegar al 63.21 % de su valor estacionario cuando se aplica una función escalón con la condición inicial igual a cero.*

En el contexto de situaciones en las cuales se requiere un análisis basado estrictamente en las herramientas del cálculo, la definición de la constante de tiempo utilizando un número específico, como el 63.21 %, puede resultar arbitrario, aún cuando exista de por medio una explicación fundamentada. Una definición alternativa, expresada únicamente en términos analíticos se puede expresar a continuación.

Definición 10 *La* constante de tiempo *es el inverso de la pendiente de la recta tangente a la curva de la respuesta cuando $t = 0$. Es decir*

$$\tau = \left. \frac{1}{\left(\dfrac{dx(t)}{dt} \right)} \right|_{t=0}. \tag{6.15}$$

En la figura 41 derecha se indica la respuesta a la función escalón para un sistema de primer orden, en este ejemplo un circuito RC serie en el que la resistencia vale 100 Ohms y la capacitancia 80 μf. Por otra parte, considerando como entrada a un impulso unitario en el circuito RC, y tomando en cuenta que la transformada de Laplace de dicha función es la unidad, $\mathcal{L}\{\delta(t)\} = 1$, se tiene que la expresión para calcular la respuesta al impulso es

$$\mathcal{L}^{-1}\left\{ \frac{\frac{1}{R}}{s + \frac{1}{RC}} \right\} = \frac{1}{R} e^{-\frac{1}{RC}t}. \tag{6.16}$$

En la figura 41 derecha, se muestra la gráfica de la respuesta al impulso unitario para el circuito RC. La interpretación física con respecto al circuito de la figura 40 tiene que ver con el tiempo que dura el destello, suponiendo que el resplandor tenga la misma duración que la descarga del capacitor; en realidad dicha duración es menor, puesto que la lámpara requiere de un umbral mínimo de corriente para poder emitir un destello. Hay que tomar en cuenta que, además, aún cuando se halla modelado como una resistencia, la lámpara de los destellos no es propiamente un resistor, sino que generalmente el destello se logra por medio del paso de una descarga a través de un gas inerte. El considerar como una resistencia a la sección de descarga es sólo un aproximación conveniente.

Por otra parte, para sistemas de primer orden en general, considerando una entrada impulso unitario y teniendo en cuenta (6.6), la respuesta al impulso del sistema de primer orden se obtiene como la transformada inversa de la función de transferencia

$$\mathcal{L}^{-1}\left\{\frac{A}{\tau s+1}\right\} = \frac{A}{\tau}e^{-\frac{1}{\tau}t}. \tag{6.17}$$

Es fácil notar que el valor estacionario es cero y, de manera similar al análisis efectuado con la respuesta al escalón, la respuesta al impulso alcanza, para todos los efectos prácticos, su valor estacionario cuando ha transcurrido un lapso igual a cinco veces la constante de tiempo. El valor inicial de la respuesta al impulso es

$$\frac{A}{\tau}, \tag{6.18}$$

tal como se ilustra en la figura 41.

6.2 Respuesta transitoria de un sistema de segundo orden

Un sistema cuyo comportamiento se encuentra regido por la ecuación diferencial de segundo orden

$$\alpha_0\frac{d^2x(t)}{dt^2} + \alpha_1\frac{dx(t)}{dt} + \alpha_2 x(t) = \beta u(t) \tag{6.19}$$

donde

$$\alpha_0 > 0, \alpha_2 > 0, \alpha_1 \geq 0 \text{ y } \beta \neq 0, \tag{6.20}$$

tiene una función de transferencia que puede expresarse como

$$\frac{K}{s^2 + 2\zeta\omega_n s + \omega^2} \tag{6.21}$$

las constantes involucradas son la ganancia K, el factor de amortiguamiento o *razón de amortiguamiento* ζ, así como la *frecuencia natural* ω_n. Los nombres empleados para los parámetros ζ y ω_n tienen su origen en el estudio de las vibraciones mecánicas, en las que una ecuación de la forma (6.19) describe las oscilaciones mecánicas locales en un sistema de un grado de libertad. Sin embargo, el uso de la forma (6.21) se ha extendido para describir una gran variedad de sistemas dinámicos de distinta naturaleza física, los cuales únicamente tienen en común que se pueden describir por medio de una ecuación de segundo orden de la forma (6.19). En particular, el parámetro ζ permite describir diferencias cualitativas en la respuesta dinámica, aún antes de llevar a cabo la simulación. Esta característica es

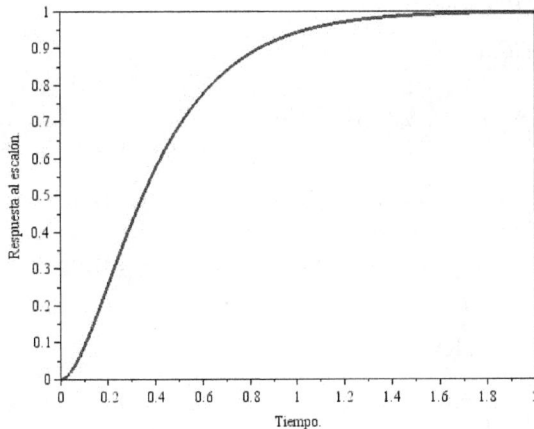

Figura 42: Gráfica de la respuesta de un sistema sobreamortiguado con $\zeta = 1.06$.

fundamental en procesos como el diseño de sistemas de amortiguamiento de impacto y de vibraciones, así como el diseño de filtros activos empleando amplificadores operacionales. Es importante notar que la descripción de la función de transferencia, así como los análisis que siguen solamente son válidos para sistemas de segundo orden que cumplen con las condiciones (6.20), ya que se trata de condiciones que aseguran la estabilidad (estabilidad marginal en el caso de que $\alpha_1 = 0$).

6.2.1   Respuesta a la función impulso y a la función escalón

En la discusión que sigue, se supondrá, por simplicidad y sin pérdida de generalidad, que las condiciones iniciales son cero. Esto no afecta cualitativamente los resultados que se discuten.

Caso sobreamortiguado: $\zeta > 1$

En este caso, la respuesta a una entrada escalón es un curva que describe a una función monotónicamente creciente, ver figura 42. La razón de este comportamiento se puede explicar al analizar la solución analítica de la ecuación diferencial

$$\ddot{y}(t) + 2\zeta\omega_n\dot{y}(t) + \omega_n^2 y(t) = Ku(t), \tag{6.22}$$

donde $u(t)$ es la función escalón unitario. La transformada de Laplace de la respuesta es

$$\tilde{y}(s) = \frac{1}{s} \cdot \frac{K}{s^2 + 2\zeta\omega_n s + \omega_n^2}. \tag{6.23}$$

La solución se puede encontrar por el método de fracciones parciales, para lo cual es necesario hallar las raíces del denominador

$$p_1 = \frac{-2\zeta\omega_n + \sqrt{4\zeta^2\omega_n^2 - 4\omega_n^2}}{2} = -\zeta\omega_n + 2\omega_n\sqrt{\zeta^2 - 1}$$

$$p_2 = \frac{-2\zeta\omega_n + \sqrt{4\zeta^2\omega_n^2 - 4\omega_n^2}}{2} = -\zeta\omega_n - 2\omega_n\sqrt{\zeta^2 - 1}.$$

(6.24)

Debido a la condición $\zeta > 1$, la cantidad bajo el signo del radical positiva, puesto que $\zeta^2 > 1$. Como consecuencia de ello, las raíces p_1 y p_2 son números negativos distintos. El denominador se puede factorizar y enseguida efectuar el desarrollo en fracciones parciales

$$\tilde{y}(s) = \frac{K}{s(s - p_1)(s - p_2)}$$

$$= \frac{K}{s(s + \zeta\omega - \omega_n\sqrt{\zeta^2 - 1})(s + \zeta\omega + \omega_n\sqrt{\zeta^2 - 1})}$$

$$= \frac{A}{s} + \frac{B}{s + \zeta\omega_n - \omega_n\sqrt{\zeta^2 - 1}} + \frac{C}{s + \zeta\omega_n + \omega_n\sqrt{\zeta^2 - 1}},$$

(6.25)

donde A, B y C son coeficientes que se pueden determinar fácilmente:

$$A = \lim_{s \to 0} s\tilde{y}(s) = \frac{K}{\omega_n^2}$$

$$B = \lim_{s \to p_1} (s - p_1)\tilde{y}(s)$$

$$C = \lim_{s \to p_2} (s - p_2)\tilde{y}(s).$$

(6.26)

Una vez que se han determinado los valores de las constantes, se obtiene la respuesta por medio de la transformada inversa

$$y(t) = \mathcal{L}^{-1}\left\{\frac{A}{s} + \frac{B}{s - p_1} + \frac{C}{s - p_2}\right\}$$

$$= \mathcal{L}^{-1}\left\{\frac{A}{s}\right\} + \mathcal{L}^{-1}\left\{\frac{B}{s - p_1}\right\} + \mathcal{L}^{-1}\left\{\frac{C}{s - p_2}\right\}$$

$$= A + Be^{p_1 t} + Ce^{p_2 t}.$$

(6.27)

Teniendo en cuenta la condición $p_1 < 0$ y $p_2 < 0$, se observa que $e^{p_1 t} \to 0$ y $e^{p_2 t} \to 0$ cuando $t \to \infty$, por lo que la respuesta transitoria es en este caso

$$y_{ss} = \lim_{t \to \infty} y(t) = A.$$

(6.28)

Caso subamortiguado: $\zeta < 1$

La respuesta a la función escalón en el caso de sistemas subamortiguados es oscilatoria. Para establecer esta característica, de nuevo considérese la expansión en fracciones parciales de la transformada de Laplace de la salida

$$\tilde{y}(s) = \frac{A}{s} + \frac{B}{s - p_1} + \frac{C}{s - p_2}$$

(6.29)

de manera similar, los polos son

$$p_1 = \frac{-2\zeta\omega_n + \sqrt{4\zeta^2\omega_n - 4\omega_n^2}}{2}$$
$$p_2 = \frac{-2\zeta\omega_n - \sqrt{4\zeta^2\omega_n - 4\omega_n^2}}{2} \tag{6.30}$$

debido a que $\zeta < 1$, el discriminante es negativo, así que los polos p_1 y p_2 son complejos conjugados

$$p_1 = -\zeta\omega_n + j\omega_n\sqrt{1-\zeta^2}$$
$$p_2 = -\zeta\omega_n - j\omega_n\sqrt{1-\zeta^2}, \tag{6.31}$$

donde $j = \sqrt{-1}$ representa la unidad imaginaria. La expansión en fracciones parciales se puede llevar a cabo de la misma manera que en caso sobreamortiguado, pero considerando que la constante a, en la transformada inversa de Laplace

$$\mathcal{L}^{-1}\left\{\frac{1}{s-a}\right\} = e^{at} \tag{6.32}$$

también puede ser un número complejo. Así pues, para simplificar las expresiones, defínase

$$\alpha = -\zeta\omega_n, \quad \beta = \omega_n\sqrt{1-\zeta^2}, \tag{6.33}$$

de tal manera que los polos, de manera abreviada, son

$$p_1 = \alpha + j\beta, \quad p_2 = \alpha - j\beta, \tag{6.34}$$

tomando esta notación en cuenta, la expansión en fraccione parciales resulta

$$\tilde{y}(s) = \frac{K}{s(s-\alpha-j\beta)(s-\alpha+j\beta)}$$
$$= \frac{A}{s} + \frac{B}{s-\alpha-j\beta} + \frac{C}{s-\alpha+j\beta}, \tag{6.35}$$

a partir de lo cual la solución se obtiene como la transformada inversa de Laplace

$$y(t) = \mathcal{L}^{-1}\left\{\tilde{y}(s)\right\} = A + Be^{(\alpha+j\beta)t} + Ce^{(\alpha-j\beta)t}, \tag{6.36}$$

donde A, B y C son constantes que se determinarán enseguida. Por el método de los residuos se tiene

$$A = \lim_{s\to 0} s \cdot \tilde{y}(s) = \frac{K}{\omega_n^2}$$
$$B = \lim_{s\to\alpha+j\beta} (s-\alpha-j\beta) \cdot \tilde{y}(s) = -\frac{K(\alpha j + \beta)}{2\beta(\alpha^2+\beta^2)} \tag{6.37}$$
$$C = \lim_{s\to\alpha-j\beta} (s-\alpha+j\beta) \cdot \tilde{y}(s) = \frac{K(\alpha j - \beta)}{2\beta(\alpha^2+\beta^2)}.$$

Sustituyendo las constantes en la expresión analítica de la respuesta, se obtiene

$$
\begin{aligned}
y(t) &= \frac{K}{\omega_2} - \frac{K(\alpha+j\beta)}{2\beta(\alpha^2+\beta^2)}e^{(\alpha+j\beta)t} + \frac{K(\alpha-j\beta)}{2\beta(\alpha^2+\beta^2)}e^{(\alpha-j\beta)t} \\
&= \frac{K}{\omega_n^2} - \frac{K}{\beta(\alpha^2+\beta^2)}e^{\alpha t}\cos\beta t.
\end{aligned}
\tag{6.38}
$$

Sustituyendo α y β en términos de los coeficientes ω_n y ζ, según la ecuación (6.33) y realizando las operaciones de reducción algebraica

$$
y(t) = \frac{K}{\omega_n^2}\left(1 - \frac{1}{\sqrt{1-\zeta^2}}e^{-\zeta\omega_n t}\cos\left(\left[\omega_n\sqrt{1-\zeta^2}\right]t - \varphi\right)\right),
\tag{6.39}
$$

donde

$$
\tan\varphi = \frac{\zeta}{\sqrt{1-\zeta^2}}.
\tag{6.40}
$$

El primero de los términos del miembro derecho de (6.39) es un valor constante y es el valor en estado estacionario. El segundo de los términos representa una curva senoidal cuya amplitud se reduce conforme transcurre el tiempo. La superposición de las gráficas constituye la respuesta total. Es fácil comprobar que $y(0) = 0$. El resultado se puede resumir como sigue

Corolario 1 *La componente transitoria de la respuesta de un sistema subamortiguado de segundo orden, es una curva que oscila senoidalmente con amplitud decreciente en torno al valor estacionario.*

La respuesta de un sistema subamortiguado se muestra en la figura 43.

Caso críticamente amortiguado: $\zeta = 1$

Cuando la razón de amortiguamiento $\zeta = 1$, el sistema se encuentra en el umbral de presentar oscilaciones. Se trata de un caso límite, el cual se busca generalmente evitar.

Cancelación de polos y ceros de un sistema de segundo orden

El fenómeno de la *cancelación* de un polo con un cero ocurre cuando una función de transferencia tiene entre sus polos a un número (real o complejo) que también es un cero. En otras palabras, cuando el numerador y el denominador tienen una raíz en común. Considérese un sistema de segundo orden con los polos p_1 y p_2, con el cero $z = p_1$ y la ganancia. Factorizando el numerador y el denominador, la función de transferencia se puede escribir como

$$
T(s) = K\frac{(s-z)}{(s-p_1)(s-p_2)} = K\frac{(s-p_1)}{(s-p_1)(s-p_2)}
\tag{6.41}
$$

La función de transferencia (6.41) no está definida para $s = p_1$, pero se trata de una discontinuidad aislada y removible, por lo que se puede escribir

$$
T(s) = \frac{K}{s-p_2}, \text{ para } s \neq p_1.
\tag{6.42}
$$

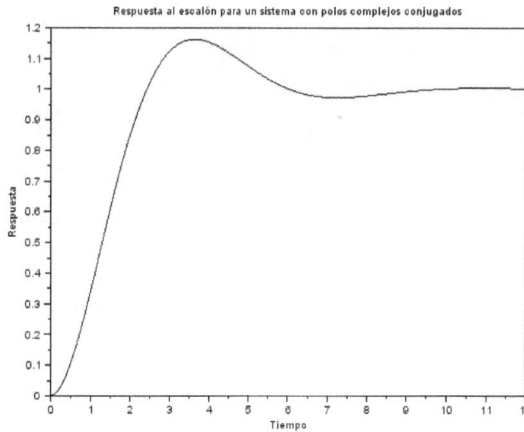

Figura 43: Gráfica de la respuesta de un sistema subamortiguado con $\zeta = 0.5$ y $\omega_n = 1$.

La representación de la función (6.41) por medio de (6.42) muestra que el correspondiente sistema, aún cuando se trata de un sistema de segundo orden posee una dinámica de un sistema de primer orden. El fenómeno de la cancelación implica ciertos inconvenientes que obligan a tomar ciertas precauciones, tanto en el análisis como en el diseño de filtros y sistemas de control; se trata de un fenómeno que produce complicaciones y, de ser posible, se busca evitarlo. La cancelación de un polo inestable es una de tales complicaciones. Para comprenderlo con más detalle, considérese un sistema con una función de transferencia

$$G(s) = \frac{s-2}{(s-2)(s+2)}, \tag{6.43}$$

la cual tiene los polos $p_1 = 2$, $p_2 = -2$ y el cero $z = 2$. El primer polo hace que el sistema sea un sistema inestable, y sin embargo su dinámica *casi en todas partes* puede describirse por la función de transferencia de un sistema estable de primer orden

$$G(s) = \frac{1}{s+2}, \tag{6.44}$$

para el cual la figura 44 (gráfica indicada con el marcador 'o') muestra la respuesta al escalón. La estabilidad mostrada en la figura es fictícia, en el sentido que cualquier variación, por mínima que sea, en los coeficientes de la función de transferencia, destruye esa propiedad. Para comprender mejor esta situación, considérese un sistema con la función de transferencia

$$H(s) = \frac{s-2.0001}{(s-2)(s+2)}, \tag{6.45}$$

el cual es un sistema inestable sin cancelación, debido a que sus polos son $p_1 = 2$, $p_2 = -2$, y tiene el único cero $z = 2.0001$. La gráfica de la respuesta al escalón se muestra también en

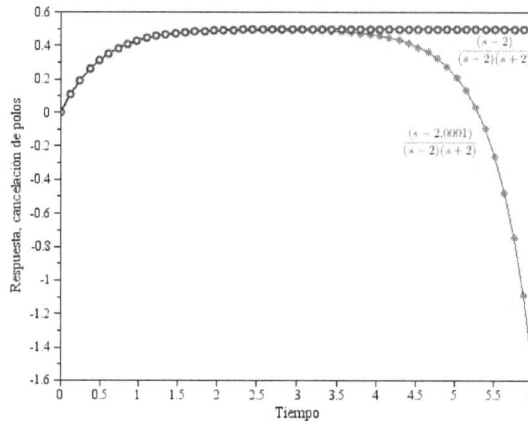

Figura 44: Cancelación de polos y ceros de un sistema de segundo orden.

la figura 44 (la curva con el marcador '∗'). Ambas gráficas parecen coincidir inicialmente, pero conforme transcurre el tiempo, la gráfica del sistema sin cancelación toma valores negativos con un valor absoluto cada vez mayor, debido precisamente a la inestabilidad. Ahora bien, las raíces de los polinomios de grado constante son funciones continuas de los coeficientes, por lo tanto, *cualquier cambio, por mínimo que sea, en uno de los coeficientes de la función de transferencia de un sistema con cancelación de un polo inestable, da como resultado un sistema inestable sin cancelación.* Puesto que cualquier medición está sujeta a incertidumbre es imposible evitar los cambios y por lo tanto lo mejor es evitar la cancelación de polos inestables.

6.3 Respuesta transitoria de un sistema de orden superior

Consideremos un sistema de n-ésimo orden con la entrada $u(t)$ y la salida $y(t)$, descrito por la ecuación diferencial, la cual, en general incluye derivadas de la entrada

$$\alpha_0 \frac{d^n y(t)}{dt^n} + \alpha_1 \frac{d^{n-1} y(t)}{dt^{n-1}} + \cdots + \alpha_{n-1} \frac{dy(t)}{dt} + \alpha_n y(t) = \beta_0 \frac{d^m u(t)}{dt^m} + \cdots + \beta_m u(t) \quad (6.46)$$

La función de transferencia se puede escribir

$$
\begin{aligned}
G(s) &= \frac{\beta_0 s_m + \beta_1 s^{m-1} + \cdots + \beta_{m-1} s + \beta_m}{\alpha_0 s^n + \alpha_1 s^{n-1} + \cdots + \alpha_{n-1} s + \alpha_n} \\[2mm]
&= \frac{\beta_0 \left(s^m + \frac{\beta_1}{\beta_0} s^{m-1} + \frac{\beta_2}{\beta_0} + \cdots + \frac{\beta_{m-1}}{\beta_0} s + \frac{\beta_m}{\beta_0} \right)}{\alpha_0 \left(s^n + \frac{\alpha_1}{\alpha_0} s^{n-1} + \frac{\alpha_2}{\alpha_0} s^{n-1} + \cdots + \frac{\alpha_{n-1}}{\alpha_0} s + \frac{\alpha_n}{\alpha_0} \right)} \\[2mm]
&= K \cdot \frac{s^m + b_1 s^{m-1} + b_2 s^{m-2} + \cdots + b_{m-1} s + b_m}{s^n + a_1 s^{n-1} + a_2 s^{n-1} + \cdots + a_{n-1} s + a_n} \\[2mm]
&= K \cdot \frac{(s - z_1)(s - z_2) \cdots (s - z_{m-1})(s - z_m)}{(s - p_1)(s - p_2) \cdots (s - p_{n-1})(s - p_n)}.
\end{aligned}
\tag{6.47}
$$

En general, los ceros $z_1, z_2, \ldots, z_m$ y los polos $p_1, p_2, \ldots, p_n$ son números complejos (recuérdese que los números reales se pueden considerar como un subconjunto de los números complejos) y pueden ser repetidos. Para establecer las propiedades de la respuesta, es necesario comenzar por el caso general.

6.3.1 Polos reales distintos

Polos reales distintos en ausencia de ceros

Considérese un sistema con una función de transferencia de orden r, en la cual el numerador es constante y el denominador es un polinomio de r-ésimo grado.

$$
\begin{aligned}
G(s) &= \frac{K}{s^r + a_1 s^{r-1} + \cdots + a_{r-1} s + a_r} \\[2mm]
&= \frac{K}{(s - p_1)(s - p_2) \cdots (s - p_r)} \\[2mm]
&= \frac{A_1}{s - p_1} + \frac{A_2}{s - p_2} + \cdots + \frac{A_r}{s - p_r}
\end{aligned}
\tag{6.48}
$$

por lo tanto, la transformada de Laplace de la respuesta al impulso se puede escribir como

$$
\tilde{y}(s) = \frac{A_0}{s} + \frac{A_1}{s - p_1} + \frac{A_2}{s - p_2} + \cdots + \frac{A_r}{s - p_r},
\tag{6.49}
$$

aplicando la transformada inversa de Laplace

$$
\begin{aligned}
y(t) &= \mathcal{L}^{-1}\left\{ \tilde{y}(s) \right\} \\
&= A_0 + A_1 e^{p_1 t} + A_2 e^{p_2 t} + \cdots + A_r e^{p_r t}
\end{aligned}
\tag{6.50}
$$

Las condiciones de estabilidad $p_1 < 0, p_2 < 0, \ldots, p_r < 0$ implican que

$$
y_{ss} = \lim_{t \to \infty} = A_0.
\tag{6.51}
$$

El valor numérico de la respuesta a la función escalón se puede determinar únicamente conociendo el valor del coeficiente A_0, siempre que todos los polos sean negativos. Para ello basta observar la ecuación (6.48)

$$
A_0 = \lim_{s \to 0} \tilde{y}(s) = \lim_{s \to 0} \frac{K}{(s - p_1)(s - p_2) \cdots (s - p_r)} = \frac{K}{(-p_1)(-p_2) \cdots (-p_r)}
\tag{6.52}
$$

Es decir

$$y_{ss} = (-1)^r \frac{K}{p_1 p_2 \cdots p_r} \tag{6.53}$$

Este resultado se puede resumir de manera compacta

Corolario 2 *La respuesta al escalón uniario del sistema (6.48), el cual tiene los polos reales, negativos y distintos $p_1, p_2, \ldots, p_r$, tiene un valor estacionario igual a*

$$y_{ss} = (-1)^r \frac{K}{p_1 p_2 \cdots p_r}. \tag{6.54}$$

A manera de ejemplo, considérese el sistema de tercer orden con la función de transferencia

$$\frac{6}{(s+1)(s+3)(s+4)} \tag{6.55}$$

tiene los polos $p_1 = -1, p_2 = -3, p_3 = -4$ y la ganancia $K = 5$. La respuesta al escalón unitario con un valor estacionario es igual a

$$y_{ss} = (-1)^3 \frac{5}{(-1)(-3)(-4)} = 0.5 \tag{6.56}$$

Una vez que se conoce el valor estacionario, ahora es momento de poner atención al comportamiento transitorio. Dividiendo el numerador y el denominador de la función de transferencia entre el producto $(-1)^r p_1 p_2 \cdots p_r$, resulta una expresión que guarda cierto parecido con la forma estándar de los sistemas de primer orden

$$\frac{\tilde{K}}{(\tau_1 s + 1)(\tau_2 s + 1) \cdots (\tau_r s + 1)}, \tag{6.57}$$

en particular, cada uno de los factores del denominador $(\tau_1 s + 1), (\tau_2 s + 1), \ldots, (\tau_r s + 1)$ puede considerarse como la contribución de una componente de primer orden a la respuesta transitoria. Desarrollando la respuesta al escalón en fracciones parciales y luego aplicando la transformada inversa de Laplace

$$\tilde{y}(s) = \frac{A_0}{s} + \frac{\tilde{A}_1}{(\tau_1 s + 1)} + \frac{\tilde{A}_2}{(\tau_2 s + 1)} + \cdots + \frac{\tilde{A}_r}{(\tau_r s + 1)}$$
$$y(t) = A_0 + \tilde{A}_1 e^{-\frac{1}{\tau_1} t} + \tilde{A}_2 e^{-\frac{1}{\tau_2} t} + \cdots + \tilde{A}_r e^{-\frac{1}{\tau_r} t} \tag{6.58}$$

Por conveniencia, podemos llamar a los números positivos

$$\tau_1 = -\frac{1}{p_1}, \tau_2 = -\frac{1}{p_2}, \ldots, \tau_r = -\frac{1}{p_r} \tag{6.59}$$

las *constantes de tiempo* del sistema de orden r. A pesar de que no tienen una interpretación tan directa como en el caso de los sistemas de primer orden, son parámetros importantes en la respuesta transitoria. En primer lugar, sirven para determinar los coeficientes

$\tilde{A}_1, \tilde{A}_2, \ldots, \tilde{A}_r$, com sigue

$$A_0 = \lim_{s \to \infty} \tilde{y}(s);$$

$$\tilde{A}_1 = \lim_{s \to -\frac{1}{\tau_1}} (\tau_1 s + 1)\tilde{y}(s) \tag{6.60}$$

$$\ldots\ldots\ldots\ldots\ldots$$

$$\tilde{A}_r = \lim_{s \to -\frac{1}{\tau_r}} (\tau_r s + 1)\tilde{y}(s)$$

Sin pérdida de generalidad, se puede suponer que se han enlistado las constantes de tiempo en orden decreciente $\tau_1 > \tau_2 > \cdots > \tau_r > 0$. De acuerdo con el análisis de la respuesta transitoria de sistemas de primer orden, conforme mayor sea la constante de tiempo, *más lenta* es la respuesta, esto quiere decir que la componente $\tilde{A}_1 e^{-\frac{1}{\tau_1}t}$ tarda más en decaer al cero, y por lo tanto su efecto perdura durante un lapso mayor de tiempo, por esa razón a veces se le denomina *constante de tiempo dominante*. La constante de tiempo dominante τ_1 permite estimar el tiempo en el cual el sistema alcanzará su valor estacionario: el análisis de la respuesta de un sistema de primer orden indica que esto ocurrirá cuando haya transcurrido un lapso de tiempo de aproximadamente $5\tau_1$. En el sistema considerado anteriormente $\tau_1 = 1, \tau_2 = 0.33, \tau_3 = 0.25$, además los parámetros de la respuesta se determinan a partir de la discusión anterior

$$\tilde{A}_1 = \lim_{s \to -1} \frac{6}{s(s+1)(s+3)(s+4)} = \frac{6}{(-1)(-1+3)(-1+4)} = -1$$

$$\tilde{A}_2 = \lim_{s \to -3} \frac{6}{s(s+1)(s+3)(s+4)} = \frac{6}{(-3)(-3+1)(-3+4)} = 1 \tag{6.61}$$

$$\tilde{A}_3 = \lim_{s \to -4} \frac{6}{s(s+1)(s+3)(s+4)} = \frac{6}{(-4)(-4+1)(-4+3)} = -0.5$$

así que la respuesta total es

$$y(t) = 0.5 - e^{-t} + e^{-3t} - 0.5e^{-4t} \tag{6.62}$$

El código que se muestra a continuación permite elaborar la gráfica en scilab. Para determinar el tiempo total de simulación se aprovecha el conocimiento sobre la constante de tiempo dominante, así, el lapso en el que la respuesta alcanzará su valor estacionario es aproximadamente $5\tau_1 = 5$.

```
s=poly(0,'s');
M=5;
t=linspace(0,M);
t2=linspace(0,M,30);

//Respuesta de las componentes
subsistema0=syslin('c',0.5,s);
subsistema1=syslin('c',-1,s+1);
subsistema2=syslin('c',1,s+3);
subsistema3=syslin('c',-0.5,s+4);
```

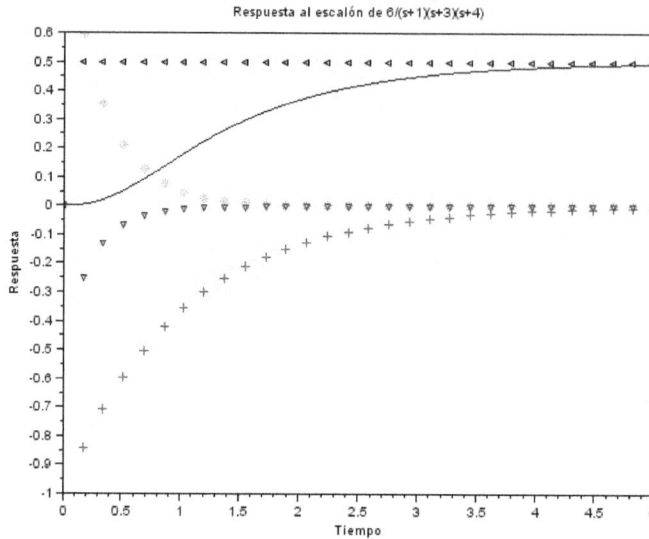

Figura 45: Respuesta de un sistema de tercer orden.

```
y0=csim('impulse',t2,subsistema0);
y1=csim('impulse',t2,subsistema1);
y2=csim('impulse',t2,subsistema2);
y3=csim('impulse',t2,subsistema3);
plot(t2,y0,'k<',t2,y1,'r+',t2,y2,'g*',t2,y3,'ov'); hold on

//Respuesta total del sistema
numerador=6;
denominador=(s+1)*(s+3)*(s+4);
sistema=syslin('c',numerador,denominador);
y=csim('step',t,sistema);
plot(t,y);
```

La figura 45 es una ilustración del caso.

Polos reales distintos en presencia de ceros

Un sistema con r polos reales distintos y con c ceros puede representarse por la siguiente función de transferencia

$$K\frac{(s-z_1)(s-z_2)\cdots(s-z_c)}{(s-p_1)(s-p_2)\cdots(s-p_r)}, \quad c < r. \tag{6.63}$$

Supondremos, por el momento, que el numerador y el denominador carecen de raíces comunes. De nueva cuenta la función de transferencia y la respuesta al escalón pueden expresarse por medio de sus respectivos desarrollos en fracciones parciales

$$G(s) = \frac{A_1}{s - p_1} + \frac{A_2}{s - p_2} + \cdots + \frac{A_r}{s - p_r}$$

y

$$\tilde{y}(s) = \frac{A_0}{s} + \frac{A_1}{s - p_1} + \frac{A_2}{s - p_2} + \cdots + \frac{A_r}{s - p_r}. \tag{6.64}$$

Las expresiones para la respuesta y el valor estacionario son, respectivamente

$$y(t) = A_0 + A_1 e^{p_1 t} + A_2 e^{p_2 t} + \cdots + A_r e^{p_r t}$$
$$y_{ss} = \lim_{t \to \infty} y(t) = A_0. \tag{6.65}$$

Las coeficientes de las exponenciales se obtienen por el mismo procedimiento que

$$A_0 = \lim_{s \to 0} s\tilde{y}(s) = K \frac{(-z_1)(-z_2) \cdots (-z_c)}{(-p_1)(-p_2) \cdots (-p_r)} = (-1)^{r-c} K \frac{z_1 z_2 \cdots z_c}{p_1 p_2 \cdots p_r}$$
$$A_1 = \lim_{s \to p_1} (s - p_1)\tilde{y}(s)$$
$$\cdots \cdots \cdots \tag{6.66}$$
$$A_r = \lim_{s \to p_r} (s - p_r)\tilde{y}(s).$$

Dado que el procedimiento para obtener los coeficientes de la respuesta es idéntico que para el caso en el cual la función de transferencia carece de ceros, cabe preguntarse acerca del sentido de efectuar el análisis por separado.

Cancelación de polos y ceros de un sistema de orden superior

El efecto de la cancelación de un polo inestable en un sistema de orden superior se ejemplifica en la figura 46. La curva con el marcador '∗' representa la respuesta del sistema con la función de transferencia

$$R(s) = \frac{(s - 4)(s + 1)}{(s - 4)(s + 6)(s^2 + 4s + 5)}, \tag{6.67}$$

el cual tiene los cero $z_1 = 4$, $z_2 = -1$, así como los polos $p_1 = 4$, $p_2 = -6$, $p_3 = -2 + i$ y $p_4 = -2 - i$. El polo $p_1 = 4$ hace que el sistema sea inestable, y sin embargo, tal como lo muestra la figura, la dinámica del sistema de cuarto orden (6.67) es idéntica a la respuesta del sistema estable de tercer orden,

$$U(s) = \frac{s + 1}{(s + 6)(s^2 + 4s + 5)} \tag{6.68}$$

la cual se muestra con los marcadores '∗'. Ahora, observando la respuesta de un sistema inestable de cuarto orden con la función de transferencia

$$\frac{(s - 3.9999)(s + 1)}{(s - 4)(s + 6)(s^2 + 4s + 5)}, \tag{6.69}$$

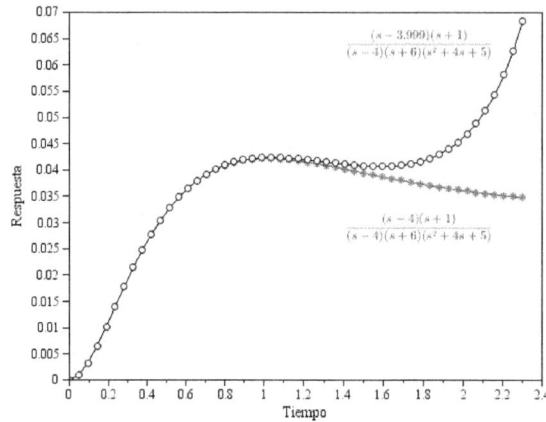

Figura 46: Cancelación de polos y ceros de un sistema de orden superior.

la cual se encuentra indicada por los marcadores '*', se puede notar que, después de un tiempo menor a la duración del fenómeno transitorio, la inestabilidad del sistema provoca que la respuesta crezca sin límite, aún cuando inicialmente mostraba un comportamiento muy similar al del sistema estable.

A pesar de que la diferencia entre el cero involucrado en la cancelación y el cero del sistema inestable es de apenas 0.0025 %, las gráficas de ambas simulaciones son similares solamente durante un periodo de tiempo, depués del cual divergen notoriamente, por lo que no resulta adecuado, desde ningún punto de vista, hacer consideraciones sobre *estabilidad a corto plazo* o por un breve periodo.

6.3.2 Polos reales repetidos

Considérese ahora una función de transferencia

$$G(s) = K \frac{(s - c_1)(s - c_2) \cdots (s - c_m)}{(s - p_1)^{m_1}(s - p_2)^{m_1} \cdots (s - p_r)^{m_r}} \tag{6.70}$$

con los polos reales negativos $p_1, p_2, \ldots p_r$ son distintos y ninguno de ellos es raíz del numerador $(c_1, c_2, \ldots, c_m)$ y donde $m_1 + m_2 + \cdots + m_r = n$, con $m < n$. El entero r es el número de polos distintos, por lo que el caso de polos reales distintos se puede considerar un caso particular cuando $r = n$ y $m_1 = m_2 = \cdots = m_r = 1$. La transformada de Laplace de la respuesta a la función escalón $\tilde{u}(s) = \frac{1}{2}$ es

$$
\begin{aligned}
\tilde{y}(s) = G(s)\tilde{u}(s) &= \frac{1}{s} \cdot K \frac{(s - c_1)(s - c_2) \cdots (s - c_m)}{(s - p_1)^{m_1}(s - p_2)^{m_2} \cdots (s - p_r)^{m_r}} \\
&= K \frac{(s - c_1)(s - c_2) \cdots (s - c_m)}{s(s - p_1)^{m_1}(s - p_2)^{m_2} \cdots (s - p_r)^{m_r}}.
\end{aligned}
\tag{6.71}
$$

El desarrollo en fracciones parciales es por lo tanto

$$
\begin{aligned}
\tilde{y}(s) =& \frac{A_0}{s} + \frac{A_1^{(1)}}{s - p_1} + \frac{A_1^{(2)}}{(s - p_1)^2} + \cdots + \frac{A_1^{(m_1)}}{(s - p_1)^{m_1}} \\
&+ \frac{A_2^{(1)}}{s - p_2} + \frac{A_2^{(2)}}{(s - p_2)^2} + \cdots + \frac{A_2^{(m_2)}}{(s - p_2)^{m_2}} \\
&+ \cdots + \frac{A_r^{(1)}}{s - p_r} + \frac{A_r^{(2)}}{(s - p_r)^2} + \cdots + \frac{A_r^{(m_r)}}{(s - p_r)^{m_r}} \\
=& \frac{A_0}{s} + \sum_{\nu=1}^{r} \sum_{i_\nu=1}^{m_\nu} \frac{A_\nu^{(i_\nu)}}{(s - p_\nu)^{i_\nu}}
\end{aligned}
\tag{6.72}
$$

donde los números reales $A_\nu^{(1)}, A_\nu^{(2)}, \ldots, A_\nu^{(m_\nu)}$ son los coeficientes del desarrollo en fracciones parciales de $\tilde{y}(s)$ con respecto a los respectivos polos p_ν, para $\nu = 1, 2, \ldots, r$. Aplicando la transformada inversa de Laplace a (6.72) se obtiene

$$
\begin{aligned}
y(t) =& A_0 + A_1^{(1)} e^{p_1 t} + A_1^{(2)} t e^{p_1 t} + \cdots A_1^{(m_1)} t^{m_1 - 1} e^{p_1 t} \\
&+ A_2^{(1)} e^{p_2 t} + A_2^{(2)} t e^{p_2 t} + \cdots A_2^{(m_2)} t^{m_2 - 1} e^{p_2 t} \\
&+ \cdots + A_r^{(1)} e^{p_r t} + A_r^{(2)} t e^{p_r t} + \cdots A_r^{(m_r)} t^{m_r - 1} e^{p_r t} \\
=& A_0 + \sum_{\nu=1}^{r} \sum_{i_\nu=1}^{m_\nu} A_\nu^{(i_\nu)} t^{i_\nu - 1} e^{p_\nu t}
\end{aligned}
\tag{6.73}
$$

para obtener los coeficientes (6.72) el procedimiento consiste en obtener una serie de igualdades, cada una de las cuales solo contiene a uno de los coeficientes, para ello se sigue un procedimiento análogo al empleado en el caso de raíces reales distintas, utilizando en cada ocasión la derivación para eliminar los términos que contienen a los coeficientes distintos de aquel que se busca obtener

$$
\begin{aligned}
A_0 =& \lim_{s \to 0} s \tilde{y}(s) \\
A_\nu^{(m_\nu)} =& \lim_{s \to p_\nu} (s - p_\nu)^{m_\nu} \tilde{y}(s) \\
A_\nu^{(m_\nu - 1)} =& \lim_{s \to p_\nu} \left(\frac{d}{ds} \left[(s - p_\nu)^{m_\nu} \tilde{y}(s) \right] \right) \\
A_\nu^{(m_\nu - 2)} =& \lim_{s \to p_\nu} \left(\frac{d^2}{ds^2} \left[\frac{1}{2!} (s - p_\nu)^{m_\nu} \tilde{y}(s) \right] \right) \\
&\vdots \\
A_\nu^{(2)} =& \lim_{s \to p_\nu} \left(\frac{d^{m_\nu - 2}}{ds^{m_\nu - 2}} \left[\frac{1}{(m_\nu - 2)!} (s - p_\nu)^{m_\nu} \tilde{y}(s) \right] \right) \\
A_\nu^{(1)} =& \lim_{s \to p_\nu} \left(\frac{d^{m_\nu - 1}}{ds^{m_\nu - 1}} \left[\frac{1}{(m_\nu - 1)!} (s - p_\nu)^{m_\nu} \tilde{y}(s) \right] \right)
\end{aligned}
\tag{6.74}
$$

para cada $\nu = 1, 2, \ldots, r$.

EJEMPLO. Considérese la transformada

$$\tilde{y}(s) = \frac{1}{s} \cdot \frac{3}{(s+2)^3(s+3)^2}, \tag{6.75}$$

que representa la respuesta a la función escalón de un sistema con dos polos, es decir $r = 2$, los cuales son $p_1 = -2$ y $p_2 = -3$, con las respectivas $m_1 = 3$ y $m_2 = 2$. La expansión en fracciones parciales resulta en

$$\tilde{y}(s) = \frac{A_0}{2} + \frac{A_1^{(1)}}{s+2} + \frac{A_1^{(2)}}{(s+2)^2} + \frac{A_1^{(3)}}{(s+2)^3} + \frac{A_2^{(1)}}{s+3} + \frac{A_2^{(2)}}{(s+3)^2}, \tag{6.76}$$

a partir de lo cual, la transformación inversa de Laplace produce la respuesta en el dominio del tiempo

$$y(t) = A_0 + A_1^{(1)}e^{-2t} + A_1^{(2)}te^{-2t} + A_1^{(3)}t^2e^{-2t} + A_2^{(1)}e^{-3t} + A_2^{(2)}te^{-et}. \tag{6.77}$$

Los coeficientes A_0, $A_1^{(1)}$, $A_1^{(2)}$, $A_1^{(3)}$, $A_2^{(1)}$ y $A_2^{(2)}$ se obtienen aplicando las fórmulas (6.74), esto es

$$
\begin{aligned}
A_0 &= \lim_{s \to 0} s\tilde{y}(s) = \frac{1}{24} \\
A_1^{(3)} &= \lim_{s \to -2} (s+2)^3\tilde{y}(s) = -\frac{3}{2} \\
A_1^{(2)} &= \lim_{s \to -2} \frac{d}{ds}\left\{(s+2)^3\tilde{y}(s)\right\} = \frac{9}{4} \\
A_1^{(1)} &= \lim_{s \to -2} \frac{1}{2!}\frac{d^2}{ds^2}\left\{(s+2)^3\tilde{y}(s)\right\} = -\frac{27}{8} \\
A_2^{(2)} &= \lim_{s \to -3} (s+3)^2\tilde{y}(s) = 1 \\
A_2^{(1)} &= \lim_{s \to -3} \frac{d}{ds}\left\{(s+3)^2\tilde{y}(s)\right\} = 0,
\end{aligned}
\tag{6.78}
$$

de esta manera, la transfomada inversa de Laplace da como resultado

$$y(t) = \frac{1}{24} - \frac{27}{8}e^{-2t} + \frac{9}{4}te^{-2t} - \frac{3}{2}t^2e^{-2t} + te^{-3t}. \tag{6.79}$$

6.3.3   Polos complejos conjugados en parejas simples

Considérese ahora un sistema en el cual la función de transferencia posee polos $n = 2r$ complejos conjugados simples $p_1, \overline{p}_1, p_2, \overline{p}_2, \ldots, p_r, \overline{p}_r$. Supóngase tambien que, por sencillez, la función de transferencia carece de ceros. Por lo tanto la transformada de Laplace de la respuesta se puede escribir en forma factorizada como

$$\tilde{y}(s) = \frac{K}{s(s-p_1)(s-\overline{p}_1)\cdots(s-p_r)(s-\overline{p}_r)}. \tag{6.80}$$

Cada uno de los factores puede escribirse como

$$(s-p_\nu)(s-\overline{p}_\nu) = s^2 - 2\mathrm{Re}\,p_\nu s + |p_\nu|^2, \quad \nu = 1, 2, \ldots, r. \tag{6.81}$$

Supongamos que todos los polos tienen parte imaginaria distinta de cero, y que el sistema es estable, por lo que $\operatorname{Re} p_\nu < 0$. De esta manera es posible escribir cada uno de los factores (6.81) de una manera que se asemeja a la forma estándar para sistemas de segundo orden (ecuación (6.19))

$$\frac{1}{(s - p_\nu)(s - \overline{p}_\nu)} = \frac{1}{s^2 + 2\zeta_\nu \omega_\nu s + \omega_\nu^2}, \quad \nu = 1, 2, \ldots, r. \tag{6.82}$$

La transformada de Laplace de la respuesta a la función escalón unitario se puede expresar convenientemente como

$$\tilde{y}(s) = \frac{1}{s} \cdot \frac{K}{(s^2 + 2\zeta_1 \omega_1 s + \omega_1^2)(s^2 + 2\zeta_2 \omega_2 s + \omega_2^2) \cdots (s^2 + 2\zeta_r \omega_r s + \omega_r^2)}$$

en notación abreviada

$$\tilde{y}(s) = \frac{K}{s} \prod_{\nu=1}^{r} \frac{1}{s^2 + 2\zeta_\nu \omega_\nu s + \omega_\nu^2} \tag{6.83}$$

también, según convenga

$$\tilde{y}(s) = \frac{K}{s} \prod_{\nu=1}^{r} \frac{1}{(s - p_\nu)(s - \overline{p}_\nu)}$$

La condición de que sean solamente polos complejos conjugados equivale a $0 \le \zeta_\nu < 1$, para $\nu = 1, 2, \ldots r$. Nótese que bajo esta condiciones

$$\operatorname{Re} p_\nu = -\zeta_\nu \omega_\nu, \quad \operatorname{Im} \qquad p_\nu = \omega_\nu \sqrt{1 - \zeta_\nu^2}, \qquad |p_\nu|^2 = \omega_\nu^2. \tag{6.84}$$

La transformada de Laplace de la respuesta al escalón puede desarrollarse en fracciones parciales

$$\tilde{y}(s) = \frac{A_0}{s} + \sum_{\nu=1}^{r} \left(\frac{B_\nu}{s - p_\nu} + \frac{C_\nu}{s - \overline{p}_\nu} \right), \tag{6.85}$$

donde A_0, B_ν y C_ν, $\nu = 1, 2, \ldots, r$ son coeficientes por determinar. Sin mucha dificultad, es posible notar que el coeficiente que corresponde a la componente constante de la respuesta se puede obtener por el método de los residuos

$$A_0 = \lim_{s \to 0} s\tilde{y}(s) = \frac{K}{\prod_{\nu=1}^{r}(-p_\nu)(-\overline{p}_\nu)} = \frac{K}{\prod_{\nu=1}^{r}|p_\nu|^2} = \frac{K}{\prod_{\nu=1}^{r}\omega_\nu^2}. \tag{6.86}$$

Los coeficiente B_ν y C_ν se obtienen de una manera similar, para $\nu = 1, 2, \ldots, r$, que

$$B_\nu = \lim_{s \to p_\nu} (s - p_\nu)\tilde{y}(s) = \frac{K}{p_\nu(p_\nu - \overline{p}_\nu) \prod_{i \ne \nu}(p_\nu - p_i)(p_\nu - \overline{p}_i)}$$

$$C_\nu = \lim_{s \to \overline{p}_\nu} (s - \overline{p}_\nu)\tilde{y}(s) = \frac{K}{\overline{p}_\nu(\overline{p}_\nu - p_\nu) \prod_{i \ne \nu}(\overline{p}_\nu - p_i)(\overline{p}_\nu - \overline{p}_i)}, \tag{6.87}$$

de las ecuaciones (6.87) se deduce fácilmente que $C_\nu = \overline{B}_\nu$, de manera que (6.85) se puede escribir como

$$\tilde{y}(s) = \frac{A_0}{s} + \sum_{\nu=1}^{r} \left(\frac{B_\nu}{s - p_\nu} + \frac{\overline{B}_\nu}{s - \overline{p}_\nu} \right). \tag{6.88}$$

Aplicando la transformada inversa de Laplace se obtiene la respuesta en el dominio del tiempo

$$y(t) = A_0 + \sum_{\nu=1}^{r} \left(B_\nu e^{p_\nu t} + \overline{B}_\nu e^{\overline{p}_\nu t} \right), \qquad (6.89)$$

la solución (6.89) incluye explícitamente coeficientes complejos, aún cuando todos los coeficientes de la función de transferencia sean números reales. Para que la expresión de la respuesta proporcione una información más concreta acerca de las propiedades de la solución, es necesario efectuar su reducción. Para ello escribamos

$$\operatorname{Re} p_\nu = \alpha_\nu, \quad \operatorname{Im} p_\nu = \beta_\nu, \qquad (6.90)$$

de esta manera, la respuesta es del sistema a la función escalón es

$$
\begin{aligned}
y(t) &= A_0 + \sum_{\nu=1}^{r} \left(B_\nu e^{(\alpha_\nu + j\beta_\nu)t} + \overline{B}_\nu e^{(\alpha_\nu - j\beta_\nu)t} \right) \\
&= A_0 + 2 \sum_{\nu=1}^{r} \operatorname{Re} \left\{ B_\nu e^{(\alpha_\nu + j\beta_\nu)t} \right\}.
\end{aligned}
\qquad (6.91)
$$

Si, por su parte, designamos las partes real e imaginaria del coeficiente B_ν como

$$\operatorname{Re} B_\nu = u_\nu, \qquad\qquad \operatorname{Im} B_\nu = w_\nu, \qquad (6.92)$$

es posible obtener una expresión más exlícita de la solución

$$y(t) = A_0 + 2 \sum_{\nu=1}^{r} e^{\alpha_\nu t} \left(u_\nu \cos \beta_\nu t - w_\nu \operatorname{sen} \beta_\nu t \right), \qquad (6.93)$$

no obstante, la expresión más práctica resulta ser el último miembro de (6.91), expresión que se recomienda utilizar ampliamente, en lugar de (6.93), debido a las complicaciones que pueden surgir al no conocer el signo de las partes real e imaginaria de cada coeficiente B_ν.

EJEMPLO. Hallar la respuesta a la función escalón unitario del sistema

$$\frac{3}{(s^2 + 3s + 4)(s^2 + s + 9)}. \qquad (6.94)$$

Añadiendo la función escalón, la trasformada de la respuesta es

$$\tilde{y}(s) = \frac{3}{s(s^2 + 3s + 4)(s^2 + s + 9)}. \qquad (6.95)$$

de esta transformada es posible identificar los siguientes parámetros, por comparación con la forma estándar

$$r = 2, \quad K = 3, \quad \omega_1 = 2, \quad \zeta_1 = \frac{3}{4}, \quad \omega_2 = 3, \quad \zeta_2 = \frac{1}{6}, \qquad (6.96)$$

es decir

$$\alpha_1 = -\frac{3}{2}, \qquad \beta_1 = \frac{\sqrt{7}}{2}, \qquad \alpha_2 = -\frac{1}{2}, \qquad \beta_2 = \frac{\sqrt{35}}{2}, \qquad (6.97)$$

$$p_1 = -\frac{3}{2} + j\frac{\sqrt{7}}{2}, \qquad p_2 = -\frac{1}{2} + j\frac{\sqrt{35}}{2}. \qquad (6.98)$$

De esta forma

$$A_0 = \lim_{s \to 0} s\tilde{y}(s) = \frac{1}{12} \approx 0.083$$

$$B_1 = \lim_{s \to -\frac{3}{2} + j\frac{\sqrt{7}}{2}} \left\{ \left(s + \frac{3}{2} - j\frac{\sqrt{7}}{2}\right) \frac{3}{(s^2 + 3s + 4)(s^2 + s + 9)} \right\} = -\frac{6}{77 + 17\sqrt{7}j}$$

$$\approx -0.0581 - 0.0339j, \qquad (6.99)$$

$$B_2 = \lim_{s \to -\frac{1}{2} + j\frac{\sqrt{35}}{2}} \left\{ \left(s + \frac{1}{2} - j\frac{\sqrt{35}}{2}\right) \frac{3}{(s^2 + 3s + 4)(s^2 + s + 9)} \right\} = -\frac{6}{29\sqrt{35}j - 245},$$

$$\approx 0.0164 + 0.0110j$$

Utilizando la ecuación recomendada (6.91)

$$2\mathrm{Re}\left\{ B_1 e^{(\alpha_1 + j\beta_1)t} \right\} = 2e^{-\frac{3}{2}} \left\{ -0.0581 \cos\frac{\sqrt{7}}{2}t + j^2 0.0339 \sin\frac{\sqrt{7}}{2}t \right\}$$

$$= -2e^{-\frac{3}{2}} \left\{ 0.0581 \cos\frac{\sqrt{7}}{2}t + 0.033 \sin\frac{\sqrt{7}}{2}t \right\}$$

$$= -2\sqrt{0.0581^2 + 0.0339^2}\, e^{-\frac{3}{2}} \cos\left(\frac{\sqrt{7}}{2}t - \varphi_1\right) \qquad (6.100)$$

$$= -0.1346 e^{-\frac{3}{2}} \cos\left(\frac{\sqrt{7}}{2}t - \varphi_1\right),$$

donde el ángulo de fase es

$$\varphi_1 = \arctan(0.0339/0.0581) = 0.5281\,\mathrm{rad} = 30.26^o. \qquad (6.101)$$

Similarmente

$$2\,\mathrm{Re}\left\{ B_2 e^{(\alpha_2 + j\beta_2)t} \right\} = 2e^{-\frac{1}{2}} \left\{ 0.0164 \cos\frac{\sqrt{35}}{2}t + j^2 0.0110 \sin\frac{\sqrt{35}}{2}t \right\}$$

$$= 2e^{-\frac{1}{2}} \left\{ 0.0164 \cos\frac{\sqrt{35}}{2}t - 0.110 \sin\frac{\sqrt{35}}{2}t \right\}$$

$$= 2\sqrt{0.0164^2 + 0.0110^2}\, e^{-\frac{1}{2}} \cos\left(\frac{\sqrt{35}}{2}t + \varphi_2\right) \qquad (6.102)$$

$$= 0.0395 e^{-\frac{1}{2}} \cos\left(\frac{\sqrt{35}}{2}t + \varphi_2\right),$$

donde

$$\varphi_2 = \arctan(0.0110/0.0164) = 0.5908\,\text{rad} = 33.85^o, \tag{6.103}$$

De esta forma, los cálculos dan como resultado la respuesta en el dominio del tiempo

$$y(t) = 0.083 - 0.1346e^{-\frac{3}{2}t}\cos\left(\tfrac{\sqrt{7}}{2}t - \varphi_1\right) + 0.0395e^{-\frac{1}{2}t}\cos\left(\tfrac{\sqrt{35}}{2}t + \varphi_2\right). \tag{6.104}$$

En los casos en que la función de transferencia también tenga ceros, el procedimiento es completamente similar, con la precaución de identificar polos y ceros cancelados.

6.3.4 Polos complejos conjugados repetidos

En el caso de pares repetidos de polos complejos conjugados, el procedimiento no varía demasiado. Para bosquejarlo, supóngase que se tiene una función de transferencia con los polos complejos $p_1\ \bar{p}_1$ que se repiten cada uno m_1 veces. Por ello, la trasnformada de la respuesta a la función escalón será

$$\tilde{y}(s) = \frac{K}{s(s^2 + 2\zeta_1\omega_1 s + \omega_1^2)^{m_1}} = \frac{K}{s(s - p_1)^{m_1}(s - \bar{p}_1)^{m_1}}, \tag{6.105}$$

de esta manera, la expansión en fracciones parciales arroja el siguiente resultado

$$\tilde{y}(s) = \frac{A_0}{s} + \frac{B^{(1)}}{s - p_1} + \frac{\tilde{B}^{(1)}}{s - \tilde{p}_1} + \frac{B^{(2)}}{(s - p_1)^2} + \frac{\tilde{B}^{(2)}}{(s - \tilde{p}_1)^2} + \cdots + \frac{B^{(m_1)}}{(s - p_1)^{m_1}} + \frac{\tilde{B}^{(m_1)}}{(s - \bar{p}_1)^{m_1}}, \tag{6.106}$$

la transformada inversa de Laplace implica el siguiente resultado

$$y(t) = A_0 + \sum_{\nu=1}^{m_1} t^{\nu-1}\text{Re}\left\{B^{(\nu)}e^{(\alpha_\nu + j\beta_\nu)t}\right\}, \tag{6.107}$$

donde las constantes A_0, $B^{(1)}$, $\overline{B}^{(1)}, \ldots, B^{(m_1)}, \overline{B}^{(m_1)}$ se obtienen por medio de los dos métodos descrito en las dos secciones anteriores.

6.3.5 Respuesta transitoria de un sistema subamortiguado de orden superior

Consideremos ahora el caso de un sistema estable de orden superior que tiene la función de transferencia

$$G(s) = \frac{\beta_0 s^m + \cdots + \beta_m}{\alpha_0 s^n + \alpha_1 s^{n-1} + \cdots + \alpha_{n-1}s + \alpha_n}, \tag{6.108}$$

con $n > 2$ y $n \geq m$. Supóngase que se aplica una entrada escalón y se grafica la respuesta. La figura 47 muestra una situación bastante general: la respuesta puede presentar oscilaciones y tomar momentáneamente valores superiores a su valor estacionario. La gráfica tiene un parecido muy acentuado con la respuesta de un sistema estable subamortiguado de segundo orden. En la figura se encuentran indicados parámetros importantes, cuyo significado se explica a continuación

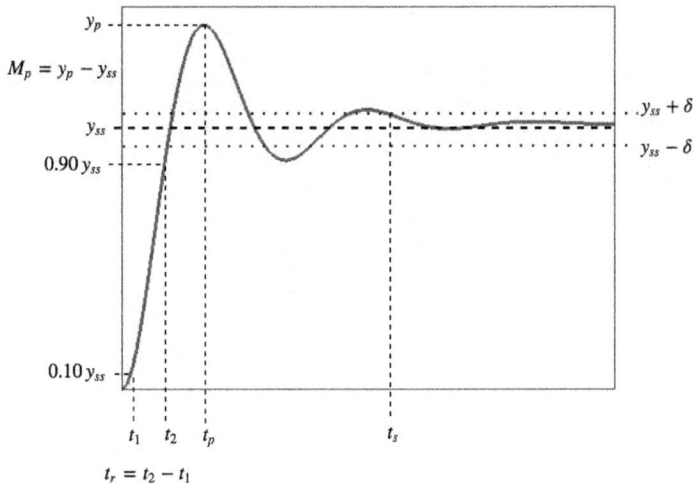

Figura 47: Respuesta general de un sistema de orden superior

y_{ss}: se le conoce como *valor estacionario* de la respuesta. Se le define como

$$y_{ss} = \lim_{t \to \infty} y(t), \tag{6.109}$$

aún cuando en el caso de que la gráfica se genere con datos experimentales no sea posible efectuar el cálculo del límite usando una fórmula analítica. En estos casos se acepta al valor de $y_s s$ como el valor promedio de las mediciones cuando estas presentan fluctuaciones debidas únicamente a las incertidumbres en las mediciones.

y_p: el *valor pico* es el valor de la salida que corresponde a la máxima desviación con respecto al valor estacionario y_{ss}.

M_p: sobrepaso o *sobretiro* máximo de la respuesta: es la máxima desviación pasajera que registra la respuesta con respecto a su valor estacionario. Nominalmente $M_p = y_p - y_{ss}$.

tr: *tiempo de subida*, es el tiempo que la respuesta tarda en pasar por *primera vez* desde el 10 % hasta el 90 % de su valor estacionario. Se trata de una medida de la rapidez con la cual reacciona el sistema. En la figura 47 se indica que la respuesta alcanzó el 10 % de su valor estacionario (es decir $y(t_1) = 0.1 y_{ss}$) cuando ha transcurrido un tiempo t_1, y alcanza por primera vez el 90 % de su valor estacionario (es decir $y(t_2) = 0.9 y_{ss}$) cuando ha transcurrido un tiempo t_2, por lo tanto el tiempo de subida es tiempo transcurrido entre dichos instantes: $t_r = t_2 - t_1$.

y_p: el *tiempo de pico* es el instante en el cual la respuesta alcanza su valor pico, es decir $y(t_p) = y_p$.

δ: la tolerancia es el parámetro que determina qué tanta fluctuación se considera admisible para establecer que la respuesta ha llegado, para efectos prácticos, a su valor estacionario. Se expresa en las mismas unidades de medida que $y(t)$, aunque generalmente se le especifica

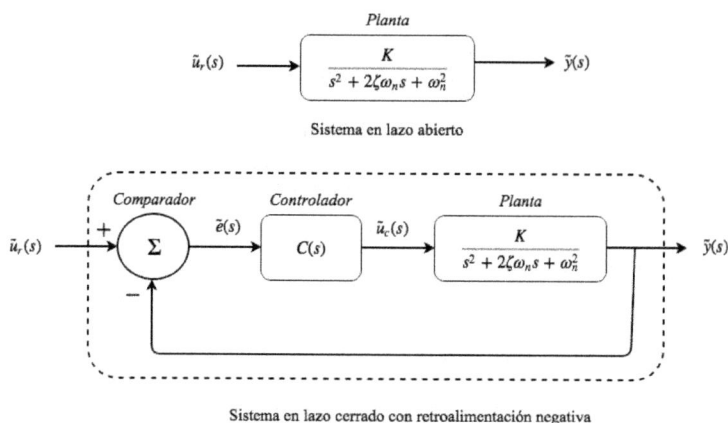

Figura 48: Sistema de control de un sistema de segundo orden.

como porcentaje del valor estacionario. La tolerancia, junto con el valor estacionario, definen la *franja de tolerancia*, que no es más que el intervalo $[y_{ss}-\delta, y_{ss}+\delta]$ de longitud 2δ centrado alrededor de y_{ss} en el eje vertical. t_s: el *tiempo de asentamiento* es el tiempo que tarda la respuesta en entrar a la franja de tolerancia para permanecer definitivamente dentro de ella, por lo tanto, para establecer el tiempo de asentamiento es necesario conocer la tolerancia indicada. De esta manera, para un mismo sistema y aplicando la misma entrada es posible hablar de distintos valores del tiempo de asentamiento, cada uno correspondiente a un valor de la tolerancia, pero una vez indicada esta, queda completamente especificada.

6.4   Caso de estudio: controlador PID aplicado a un motor

Un ejemplo de aplicación del análisis de la respuesta transitoria se ilustra con ayuda de la figura 48. En la parte superior se muestra un bloque de función de transferencia que relaciona directamente la *entrada de referencia* $u_r(t)$, también conocida como *consigna* o *setpoint*, con la salida $y(t)$ de un sistema de segundo orden. En la ingeniería del control de procesos se ha acuñado el término *planta* para referirse al sistema que se busca controlar, derivado de la necesidad de controlar plantas de procesos industriales de distintos tipos; en lo sucesivo se empleará este término. El problema general de control consiste en aplicar una señal de entrada a una planta para que la salida $y(t)$ tenga valores iguales, o al menos lo más cercano posibles a la consigna, la cual es previamente especificado con base en los requerimientos de operación del sistema. Aunque la consigna puede ser cualquier función, en la práctica con frecuencia surge el problema de *regulación*: mantener constante el valor de la salida. Esto equivale a especificar como referencia a una función escalón. Aplicando al sistema una entrada escalón con incremento u_0, el valor estacionario es $\frac{Ku_0}{\omega_n^2}$, de manera que si se desea que la salida tenga el valor estacionario r, se debe aplicar la función escalón con el valor $u_0 = \frac{\omega_n^2 r}{K}$. Esta solución, llamada *control en lazo abierto* posee varias desventajas, entre las cuales sobresalen dos, de las que se tratan en este ejemplo:

- En caso de existir alteraciones en la señal, producto de perturbaciones en los canales físicos de transmisión, el valor $u_0 = \frac{r\omega_n^2}{K}$ no producirá la salida deseada $y(t) = r$.

- Ya sea que existan perturbaciones o no, no es posible modificar la dinámica del sistema por medio de la aplicación del control en lazo cerrado. Esto significa que si, por ejemplo, la respuesta llega al valor deseado con oscilaciones indeseables, no será posible evitarlas con la simple aplicación de un controladore en lazo abierto.

Lo anterior hace deseable emplear otro procedimiento. En la parte inferior de la figura 48 se muestra la misma planta sujeta a *retroalimentación negativa*, la cual constituye el principio de operación del *control en lazo cerrado*, cuyos rasgos más sobresalientes se describen a continuación:

- La salida de la planta se conecta a un bloque *comparador*, que no es mas que un bloque sumador que admite dos señales: la referencia $u_r(t)$, la cual entra con el signo positivo y la salida retroalimentada $y(t)$, con signo negativo. De esta manera el resultado de la operación del comparador es la *señal de error* $e(t) = u_r(t) - y(t)$.

- La salida del bloque comparador, o sea el error $e(t)$ se alimenta a otro bloque denominado *controlador*, el cual procesa la señal para prodcir la señal $u_c(t)$, conocida como *entrada de control* o simplemente *control*. En el caso de sistemas lineales, la característica entrada-salida del controlador está descrita por la función de transferencia $C(s)$.

- La señal $u_c(t)$ producida por el controlador se alimenta a la planta, la cual, a su vez, produce la salida que se retroalimentará al bloque comparador.

Existen muchas configuraciones posibles que se pueden seleccionar para el controlador, una muy popular y con mucha aceptación en el medio industrial es el controlador con acción proporcional, integral y derivativa o *controlador PID*, el cual se suele expresar como

$$C(s) = k_P + k_D s + \frac{k_I}{s}, \tag{6.110}$$

donde los coeficientes constantes $k_P > 0$, $k_D \geq 0$, $k_I \geq 0$ se denominan *ganancia proporcional*, *ganancia derivativa* y *ganancia integral*, respectivamente. El problema de control se puede entonces, plantear de la siguiente manera: *Determinar los valores de las ganancias k_P, k_D y k_I, tales que el sistema en lazo cerrado bajo la acción del controlador (6.110) tenga la respuesta dinámica especificada.* La función de tranferencia en lazo cerrado del sistema 48 es

$$T(s) = \frac{K}{s^3 + (2\zeta\omega_n + Kk_D)s^2 + (\omega_n^2 + Kk_P)s + Kk_I}. \tag{6.111}$$

Nótese que el nuevo sistema es un sistema de tercer orden. Supongamos que el sistema en lazo abierto tiene una respuesta oscilatoria, es decir $0 < \zeta < 1$, y que deseamos, por medio de un controlador PID, lograr que el sistema en lazo cerrado tenga una respuesta sobreamortiguada. Esto equivale a especificar que la función de transferencia tenga los polos reales $p_1 < 0$, $p_2 < 0$ y $p_3 < 0$, los cuales, por simplicidad, supondremos distintos. En otras palabras la función de transferencia deseada es

$$
\begin{aligned}
T(s) &= \frac{K}{(s - p_1)(s - p_2)(s - p_3)} \\
&= \frac{K}{s^2 - (p_1 + p_2 + p_3)s^2 + (p_1 p_2 + p_1 p_3 + p_2 + p_3)s - p_1 p_2 p_3}
\end{aligned}
\tag{6.112}
$$

desarrollando el polinomio en el numerador de (6.112) e igualando con (6.111) la condición de que los coeficientes de los polinomios de los respectivos denominadores sean iguales se traduce en

$$
\begin{aligned}
2\zeta\omega_n + Kk_D &= -(p_1 + p_2 + p_3) \\
\omega_n^2 + Kk_P &= (p_1 p_2 + p_1 p_3 + p_2 p_3) \\
Kk_I &= -p_1 p_2 p_3
\end{aligned}
\tag{6.113}
$$

de las cuales se pueden despejar los valores

$$
\begin{aligned}
k_D &= \frac{-(p_1 + p_2 + p_3) - 2\zeta\omega_n}{K}, \\
k_P &= \frac{\omega_n^2 - (p_1 p_2 + p_1 p_3 + p_2 p_3)}{K}, \\
k_I &= -\frac{p_1 p_2 p_3}{K}.
\end{aligned}
\tag{6.114}
$$

En general, no es posible asignar arbitrariamente los polos deseados en lazo cerrado, en el presente ejemplo, de acuerdo con (6.114), para asegurar que la ganancia proporcional tenga un valor positivo, se debe de cumplir la restricción

$$
p_1 p_2 + p_1 p_3 + p_2 p_3 < \omega_n^2.
\tag{6.115}
$$

Conociendo los valores de las ganancias proporcional, integral y derivativa, es posible implementar físicamente el controlador al determinar los valores de las resistencias y capacitores del sistema que se muestra en la figura 49. Alternativamente, se puede desarrollar el controlador por computadora con ayuda de un sistema de adquisición de datos.

6.5   Ejercicios y problemas sobre la respuesta transitoria

1. Determinar la constante de tiempo del sistema que se comporta de acuerdo con la ecuación diferencial
$$
0.4\frac{d\omega(t)}{dt} + 50\omega(t) = M(t).
$$

2. Indicar la constante de tiempo del sistema que tiene la siguiente función de transferencia
$$
\frac{20}{s + 10}
$$

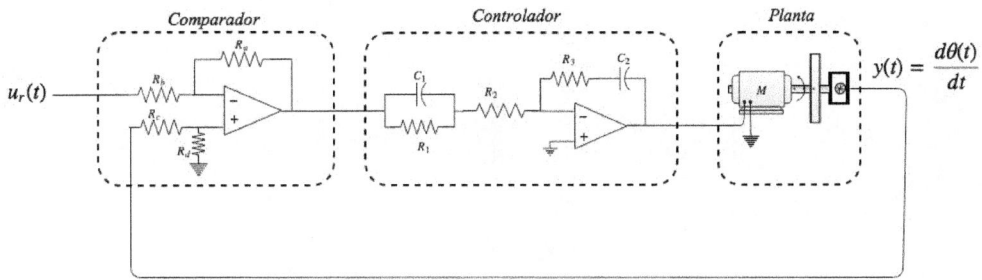

Figura 49: Implementación del controlador PID en un motor de corriente directa.

3. ¿Cuál de las siguientes funciones de transferencia corresponde al sistema más rápido?

$$\frac{3}{3s+1} \qquad \frac{1}{3s+3} \qquad \frac{1}{3s+0.8} \qquad \frac{0.8}{0.8s+3}$$

4. En la Figura $50\ a)$ se muestra la respuesta a la entrada escalón unitario de un sistema de primer orden. Indicar la ganancia, la constante de tiempo y a partir de ello, escribir la función de transferencia.

5. En la figura $50\ b)$ se muestra la gráfica de la respuesta al impulso unitario de un sistema de primer orden. Indicar los valores de la ganancia y la constante de tiempo y escribir la función de transferencia.

6. En la figura $50\ c)$ se muestra la gráfica de la respuesta al escalón unitario de un sistema de segundo orden. Determinar, los polos del sistema.

7. Si en la figura $50\ c)$ se muestra la gráfica de la respuesta a la función escalón, indicar el tiempo de subida, el valor estacionario, el sobretiro y el tiempo de asentamiento al $5\,\%$.

8. En la figura $50\ d)$ se muestra la respuesta a la función escalón de un sistema de orden superior. Indicar el valor estacionario, el valor pico y el tiempo de asentamiento al $5\,\%$.

9. En la figura $50\ e)$ se muestra la gráfica de la respuesta a la función escalón de un sistema de orden superior. Hallar el valor estacionario, el tiempo de subida, el sobretiro, y el tiempo de asentamiento al $5\,\%$.

10. Hallar el valor estacionario, el sobretiro, el tiempo de alzada, el tiempo pico, el valor pico, la frecuencia amortiguada (en radianes por segundo) y el tiempo de asentamiento del sistema cuya respuesta al escalón se muestra en la gráfica de la figura $50\ f$. Suponiendo además, que el sistema es de segundo orden, determinar la ubicación de sus polos en el plano complejo.

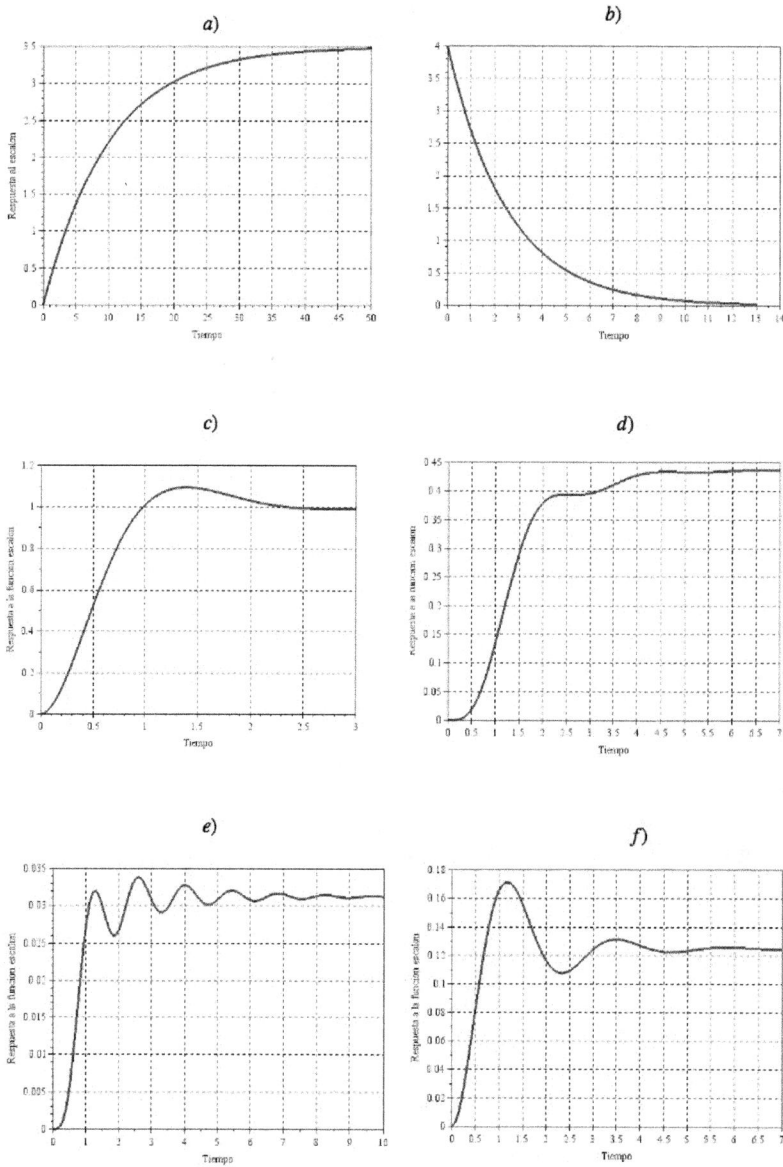

Figura 50: Respuesta transitoria de diversos sistemas.

6.6 Notas y referencias

El tema de la respuesta transitoria es de fundamental importancia para aplicaciones de diseño de sistemas de control y comunicaciones, como puede constatarse en la variedad de obras que dedican cierta extensión al tema, entre ellas [Ogata, 1987], [Woods and Lawrence, 1997], [Franklin et al., 2002], [Nise, 2011]. Un análisis extenso de la respuesta transitoria en circuitos eléctricos lineales puede hallarse en [Kontorovich, 1999].

Capítulo 7

Experimentos computacionales y físicos

Las computadoras son inútiles. Solamente pueden proporcionarte respuestas[1]
–PABLO PICASSO

7.1 Generalidades sobre `scilab`

`Scilab` es un programa que permite realizar de manera rápida y sencilla cálculos matemáticos complejos, que incluyen potencias, raíces, funciones exponenciales, trigonométricas, así como una variedad de cálculos con matrices e incluso estructuras de datos. Todo ello sin necesidad de compilar previamente los programas, lo cuál lo hace extremadamente atractivo para escribir cálculos parciales sin distraerse demasiado en aspectos auxiliares, así como realizar borradores o prototipos rápidos de algoritmos sofisticados. La facilidad que proporciona para implementar funciones definidas por el usuario ha facilitado incluir funciones específicamente diseñadas para representar y simular sistemas dinámicos y de control. La sintaxis de `scilab` es estrechamente similar a la que emplea en MATLAB©, por lo tanto, cualquiera que esté familiarizado con el uso de este software, encontrará fácil su empleo. De cualquier manera proporcionamos aquí una breve introducción, enfatizando en el carácter práctico de las operaciones. Para un conocimiento más profundo, se recomienda consultar los manuales correspondientes. `Scilab` es un *software* libre, desarrollado originalmente en el Instituto Francés de Investigaciones en Ciencias Computacionales y Control (INRIA) a partir de los aõs 90 por un equipo conjunto del INRIA y del Instituto Francés de Puentes y Caminos (ENPC). Desde sus primeras versiones ha sido distribuido como *software* libre y de código abierto. Actualmente se encuentra disponible para su descarga en el sitio www.scilab.org, donde también se puede encontrar mayor información sobre su historia e incluso posibilidades de efectuar contribuciones individuales o colectivas.

---

[1]Pablo Ruiz Picasso (1881-1973). Pintor y escultor español, creador, junto con otros pintores, del cubismo.

7.2   Operaciones elementales con `scilab`

La operación más sencilla que se puede efectuar con scilab es la suma de dos enteros

```
-->2+2
ans =
4.
```

La operación de adición no está limitada a enteros, también es posible sumar números decimales

```
-->1.5+3
ans =
3.5
```

así como números de distinto signo y con distinto número de decimales La operación de suma no está limitada a dos elementos, ni siquiera por el signo o el número de decimales

```
-->-5.251325+3
 ans  =
  - 2.251325
```

la multiplicación entre dos números también utiliza una notación bastante común y utiliza el asterisco

```
-->3*5
 ans  =
 15.
```

La operación de división utiliza también una notación bastante común en los lenguajes de programación

```
-->7/2
 ans  =
    3.5
```

Scilab permite almacenar valores numéricos en forma de variables. Para ello basta con asignar por medio del signo de igualdad, usando un identificador válido. Un identificador válido en `scilab` es una cadena de caracteres alfanuméricos que necesariamente comienza por una letra del abecedario, por ejemplo

```
 -->a=5
 a  =
    5.
```

Otra característica ventajosa, es que `scilab` distingue entre minúsculas y mayúsculas, por ejemplo las variables `A` y `a` representan cantidades distintas

```
 -->A=20, a=2
 A  =
    20.
a  =
2.
```

Un rasgo extremadamente útil de `scilab` es la posibilidad de emplear matrices sin tener que utilizar una notación especialmente complicada. Para almacenar una matriz se escriben los elementos de cada fila separados ya sea por comas o por espacios y cada fila se termina con un ";"

```
-->M=[2 4 3; 1 0 -2]
 M  =

    2.    4.    3.
    1.    0.  - 2.
```

La operación de trasposición convierte las filas en columnas y viceversa, y se indica por medio de un apóstrofe:

```
-->M'
 ans  =

    2.    1.
    4.    0.
    3.  - 2.
```

La suma de matrices está definida para matrices con el mismo número de filas y de columnas y emplea el mismo símbolo que la suma de números

```
-->M+[1 1 0; 0 0 2]
 ans  =

    3.    5.    3.
    1.    0.    0.
```

Finalmente la multiplicación de matrices utiliza el operador "*":

```
-->M*M'
 ans  =

    29.  - 4.
  - 4.     5.
```

es importante notar el orden apropiado de multiplicación

```
-->M'*M
 ans  =

    5.    8.    4.
    8.   16.   12.
    4.   12.   13.
```

Para generar un vector de valores uniformemente espaciados entre dos números se utiliza la función `linspace`. Por ejemplo, se pueden generar 100 valores uniformemente espaciados comprendidos entre 0 y 10

```
-->v=linspace(0,10);
```

El vector v generado de esta manera consta de 100 elementos (el valor por defecto) orde-
nados de menor a mayor, el primero de ellos es el 0 y el último el 10. Opcionalmente, este
comando puede aceptar un tercer argumento, un número entero positivo que sirve para
indicarle a scilab que genere un número distinto de elementos, también es posible que los
dos primeros argumentos se enlisten en orden decreciente.

```
-->linspace(0,-10,3)
 ans  =

    0.   - 5.   - 10.
```

7.3   Funciones y archivos en scilab

Un componente fundamental en scilab son las funciones, las cuales, de acuerdo con su
origen y en lo que respecta al usuario, pueden ser de dos tipos: funciones elaboradas y
funciones definidas por el usuario. Las funciones elaboradas pueden ser funciones originales
del lenguaje de scilab, o bien funciones agregadas por colaboradores. Existe una gran
variedad de ellas: funciones matemáticas elementales, funciones de graficación, funciones
de valores lógicos, funciones de configuración, etc. Por otra parte, las funciones definidas por
el usuario pueden implementarse *en línea*, es decir, sobre la línea de comandos de la consola,
o bien a través de un archivo o *script*. En cualquier caso la sintaxis es idéntica, aunque la
opción de generar un archivo permite reutilización de código. Supongamos que se requiere
implementar en scilab una función $y = 5x + 1$, la cual denominaremos funcionLineal.
La manera de hacerlo en línea es

```
-->function y = funcionLineal(x)
-->%Funcion lineal
-->y=5*x+1;
-->endfunction
```

tras escribir en la consola esas líneas, la función queda registrada en el *espacio de trabajo*
de la sesión, y por lo tanto se le puede invocar, ya sea desde la línea de comandos o bien
desde cualquier *script* o función, el resultado. Supongamos que queremos, hallar el valor
de la función para $x = 1$; basta con invocarla desde la línea de comandos.

```
-->funcionLineal(1)
ans =

6
```

7.4   Graficación con scilab

Al igual que MATLAB©, scilab posee una variedad de funciones apropiadas para graficar
datos o funciones. El comando más sencillo es plot. Para ilustrar su empleo, generamos un

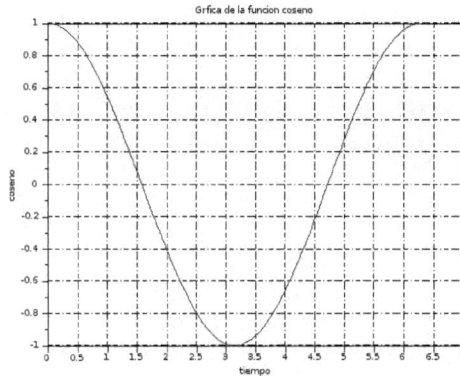

Figura 51: Ejemplo básico de generación de gráfica en `scilab`.

vector, denotado por `t`, que consta de 100 valores uniformemente repartidos en el intervalo cerrado de 0 a 2π, `scilab` proporciona un varlor de π, con la aproximación que permita el número de decimales, con solo teclear `%pi`. Enseguida se calcul el valor del seno de cada uno de los compomentes y los almancenamos en el vector `x`. Para trazar la gráfica se utiliza la función `plot(t,x)`, en la cual los argumentos `t` y `x` deben ser vectores con la misma dimensión, de lo contrario `scilab` marcará error. La gráfica mostrará los puntos unidos por medio de interpolación lineal.

```
-->t=linspace(0,2*%pi);
-->x=sin(t);
-->plot(t,x)
```

A la gráfica generada se le pueden agregar más elementos: los comandos `xtitle`, `xlabel`, `ylabel`, producen etiquetas en el encabezado de la figura, en el eje horizontal y en el eje vertical, respectivamente. También es posible añadir una malla o cuadrícula por medio de la instrucción `xgrid`

```
-->xtitle('Grafica de la funcion coseno')
-->xlabel('tiempo')
-->ylabel('coseno')
-->xgrid
```

La cual se ilustra en la figura 51.

7.4.1 Gestor de extensiones `atoms`

Entre las funciones de `scilab` que no se encuentran directamente relacionadas con la simulación, cómputo y graficación, se encuentra el programa gestor de extensiones `atoms`, el cual permite descargar, instalar y cargar en el espacio de trabajo distintos paquetes elaborados tanto por en consorcio que desarrolla `scilab`, como por colaboradores externos (entre los cuales podría estar el lector) quienes tienen interés en que los algoritmos resultado de sus actividades de investigación y desarrollo tecnológico se encuentren ampliamente disponibles y sean de utilidad. El empleo de `atoms` se lleva a cabo principalmente a través de dos comandos: `atomsInstall('nombre_del_paquete')` y `atomsLoad('nombre_del_paquete')`, lo cual se explicará más adelante, en relación con la instalación y configuración de `coselica`.

7.5   Sobre `xcos`.

La simulación de sistemas dinámicos puede realizarse en `scilab` por medio de comandos en línea, programando *scripts* o bien utilizando `xcos` (anteriormente llamado `scicos`). Puede considerarse a `xcos` como un entorno gráfico de programación para simulación. Para elaborar los programas cuenta con una serie de bloques agrupados en un repositorio gráfico denominado *palette*. Para iniciar una sesión en `xcos` basta con teclear el comando indicado en la línea de comandos de la consola de `scilab`, como sigue

```
-->xcos
```

Después de unos momentos, mientras se inicia y finaliza la carga se visualizará un par de ventanas similares a las que se muestran en la figura 52. La ventana del lado izquierdo se denomina *navegador de bloques*, o *explorador de paletas* (del inglés *palette browser*), haciendo alusión a la similitud que el menú gráfico tiene con respecto a las paletas de pintura con acuarela. A su vez, del lado izquiedo dicho explorador se puede visualizar una lista de términos dispuestos a manera de diagrama de árbol, que indica los distintos submenús de bloques disponibles en `xcos`: `'commonly used blocks'`, `'continuous time systems'`, `'discontinuities'`, etc. En el caso de la figura mostrada, se encuentra resaltado el submenú de *'bloques comúnmente utilizados'* (en inglés `commonly used blocks`'), el cual incluye bloques que, de acuerdo con información recopilada de los programadores a partir de las experiencias de los usuarios de versiones previas, son de uso bastante frecuente. Para indicar la acción de seleccionar un bloque será necesario establecer una convención de notación, que describa la secuencia de *clics* para seleccionar un bloque, de acuerdo con los nombres con los que `xcos` presenta dichos bloques por ejemplo

```
palettes->Commonly used blocks->blocks->CONST_m
```

indica que se seleccionó el bloque que genera una señal constante, una vez posicionado el apuntador, se presiona el botón izquierdo del *mouse* y se desplaza el apuntador, *arrastrándolo* hasta la ubicación deseada en el lienzo indicado del lado derecho y *liberando* en bloque una vez que se encuentre en la ubicación deseada. La explicación acerca de la función de cada bloque, incluyendo entradas, salidas y parámetros, se puede obtener posicionando el apuntador sobre el bloque en cuestión y enseguida oprimiendo el botón derecho, tras lo cual se despliega un menú contextual, del cual se deberá seleccionar la opción *help* o *ayuda*. Por otra parte, como se ha adelantado, del lado derecho se encuentra la ventana que corresponde a un nuevo diagrama de bloques, que por defecto, tiene el nombre `'untitled.xcos'`.

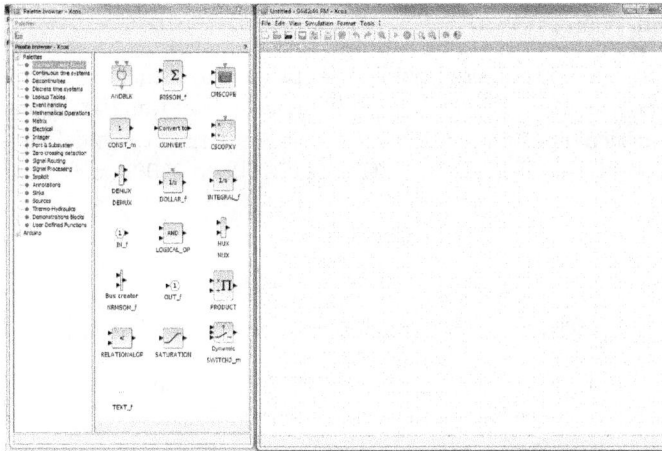

Figura 52: Aspecto de la ventana de `xcos`.

7.5.1 Paletas de bloques y algunos bloques comúnmente usados para realizar una simulación

Para ilustrar el empleo de xcos se mostrará el procedimiento para elaborar el diagrama de bloques para simular y graficar una ecuación diferencial lineal

$$L\ddot{q}(t) + R\dot{q}(t) + \frac{1}{C}q(t) = h(t), \tag{7.1}$$

donde $u(t)$ es la entrada escalón unitario

$$h(t) = \begin{cases} 0, & \text{si} \quad t < 0, \\ 1, & \text{si} \quad t \geq 0 \end{cases} \tag{7.2}$$

Dicho diagrama de bloques se representa esquemáticamente en la figura 6, de la página 37, mientras que el diagrama de bloques en `xcos` se mostró en la figura 7 de la página 37. La secuencia de selección de bloques, de acuerdo con la convención descrita líneas arriba, es

```
palette->Sources->STEP_FUNCTION
palette->Mathematical operations->GAINBLB_f
palette->Continuous time sistem->INTEGRAL_m
palette->Mathematical operations->BIGSOM_f
palette->Sinks->CSCOPE
palette->Sinks->TOWS_c
palette->Sources->CLOCK_c
```

Los submenús empleados de describen enseguida

Fuentes de señal (`sources`)

Se trata de bloques que no requieren señal de entrada para funcionar, sino solamente producen una salida con una periodicidad definida ya sea por el tamaño de paso del algoritmo de integración numérica o por un parámetro de configuración propio del bloque. Las fuentes de señal empleadas en este ejemplo son `STEP_FUNCTION` y `CLOCK_c`, las cuales se explican enseguida.

Función escalón

El bloque `STEP_FUNCTION` genera una función escalón con siguientes paámetros

- `initial value`: Indica el valor que tiene la función antes de que ocurra la transición o salto, el cual puede ser cualquier número real admisible en `scilab`. En el caso de este ejemplo su valor es 0.

- `final value`: Indica el valor que tiene la función después de que ha ocurrido la transición y puede ser cualquier número real admisible en `scilab`. Su valor en este ejemplo es 1.

- `step time`: Indica el momento, en tiempo de simulación, en el que ocurre la transición. Su valor en este ejemplo particular será 0. Puede tomar cualquier valor positivo *sujeto a la limitación* de ser mayor o igual que el instante inicial de simulación (usualmente 0) y el instante final (el cual es, por defecto 2×10^5.)

Bloque de reloj generador de eventos

El bloque `CLOCK_c` produce una señal auxiliar *de sincronización*, la cual se indica por medio de líneas en color rojo, en contraste con las señales habituales de `xcos`, las cuales se indican en color negro. El bloque emplea dos parámetros

- `Period`: el periodo, es decir lapso de tiempo de simulación que transcurre entre una señal y otra, cualquier número positivo de magnitud menor al tiempo total de simulación. La elección del valor de este periodo dependerá de la frecuencia con la cual se requiera la actuación del bloque receptor de la señal.

- `Inicialisation time`: se trata del instante de tiempo de simulación en el cual da comienzo la primera emisión de la señal generadora de los eventos. Debe ser un número positivo menor al tiempo total de simulación.

La salida de este bloque únicamente se puede conectar con puertos de entrada indicados en rojo, en caso de que el bloque destinatario los contenga.

Bloques de operaciones matemáticas (`Mathematical operations`)

Los bloques de operaciones matemáticas que se emplean en este ejemplo son el bloque de suma y el bloque de multiplicación de la señal por una ganancia constante `BIGSOM_f` y `GAINBLK_f`, respectivamente.

Bloque de suma

Existen varios bloques que pueden implementar esta operación. Este bloque requiere un sólo parámetro: un vector columna en notación de `scilab`, denominado `Inputs ports sign/gain`, en el cual el número de componentes es el número de señales que entran al bloque para sumarse, mientras que, por lo general, el respectivo componente es el número 1 si la respectiva entrada se suma, o -1 si se resta. A pesar de que, como su nombre lo indica, puede utilizarse para efectuar la multiplicación de la respectiva entrada por un factor distinto de ± 1, no resulta generalmente aconsejable, debido a que tiende a disminuir la legibilidad del diagrama. Por ejemplo, el vector `[1;-1;1]`, indica que el bloque sumará algebraicamente tres cantidades, la primera de ellas conservando su signo, la segunda con signo opuesto y la tercera con el signo original.

Bloque de ganancia constante (`GAINBLK_f`)

Este bloque tiene un parámetro, el cual es el valor de la ganancia. Puede ser un número real, o bien puede ser definido dentro del conjunto de *valores del contexto*.

Bloque de integración numérica (`INTEGRAL_m`)

Este bloque es el único del ejemplo que pertenece al submenú `continuous time systems`. Requiere cuatro parámetros

- `Initial condition`: valor inicial de la salida de la integración, puede ser cualquier número real en `scilab`.

- `with re-initialization (1: yes; 0: no)`: añade un puerto que permite reestablecer el estado del integrador a su condición inicial a partir de una señal externa, la cual es producida por un generador de eventos.

- `with saturation (1: yes; 0: no)` Permite establecer la condición de saturación.

- `Upper limit`: establece la cota superior de la salida, en caso de haber seleccionado la saturación.

- `Lower limit`: establece la cota inferior de la salida del integrador, en caso de haber seleccionado la saturación.

Submenú de *sumideros* de señal (`Sinks`)

En este submenú se encuentran los bloques por medio de los cuales la señal *concluye* su recorrido dentro del diagrama de `xcos`. Son bloques con entrada, pero sin salida visible dentro de `xcos`. En el ejemplo presente se utilizan dos: el bloque `CSCOPE` y `TOWS_c`, los cuales se explican enseguida.

Bloque de graficación con respecto al tiempo (`CSCOPE`)

Este bloque recibe una señal de entrada, generalmente el resultado de la simulación u otro cálculo, así como un señal de generación de eventos, generalmente de un bloque `CLOCK_c`. Posee varios parámetros de configuración

- `Color or mark vector`: establece los valores de los colores y/o marcadores empleados en las gráficas.

- `Output windwon number (-1 for automatic)`

- `Output window position`

- `Output window sizes`: tamaño de la ventana de salida.

- `Ymin`: valor mínimo en el eje de las ordenadas.

- `Ymax`: valor máximo en el eje de las ordenadas.

- `Refresh period`: ancho de ventana en la escala del tiempo: al transcurrir un periodo de tiempo de simulación igual a este valor, la ventana se borrará automáticamente y comenzará a graficarse una nueva ventana. Con frecuencia es conveniente, por tanto, el igualar este valor al parámetro `final integration time`, accesible desde el menú `simulation->setupt->set parameters`.

- `buffer size`: número de datos que se almacenan.

- `Accept inherited events 0/1`

- `Name of scope`.

Bloque de exportación de señal al especio de trabajo (`TOW_s`)

Este bloque permite enviar datos resultado de la simulación al espacio de trabajo con el fin de procesamiento posterior. Sus parámetros son

- `Size of buffer`: indica el número de datos que se enviarán al espacio de trabajo.

- `Scilab variable name`: identificador de la variable en el espacio de trabajo de `scilab`. Para recuperar desde la consola a los valores así exportados, se escribe `nombre.values`, mientras que para recuperar el vector con los instantes de tiempo que corresponden respectivamente a dichos valores, se escribe `nombre.time`.

- `Inherit (no:0; yes:1)`: heredar cualidades de bloques

7.6   Generalidades sobre `coselica`

7.6.1   Un poco sobre `modelica`

`Modelica` es un término utilizado para designar tanto al lenguaje de programación, como al estándar o norma para las especificaciones de dicho lenguaje. Formalmente se le describe como un lenguaje de programación que opera bajo el paradigma de la programción orientado a objetos, con las ventajas y exigencias que ello implica. De manera práctica, constituye una sistematización del concepto de *modelado físico*: al elaborar el modelo, la atención se enfoca en mayor medida a la descripción del comportamiento de los sistemas y menos a la manipulación de las expresiones matemáticas que resultan de dicha definición.

La descripción del comportamiento de los sistemas puede efectuarse desde dos puntos de vista: aplicando leyes físicas en forma de *principios primarios* (*first principles*) o invocando a modelos ya elaborados, que de esta manera pasan a formar subsistemas del sistema que interesa simular.

7.6.2 Simulación usando `coselica`

`Coselica` es una extensión de `xcos` que permite incluir diagramas de simulación elaborados conforme al estándar de `modelica`. Al tratarse de una extensión de `scilab/xcos`, es necesario descargarla e instalarla en la computadora antes de poder utilizarla, lo cual requiere cierto esfuerzo. Los pasos necesarios son

- Descargar e instalar `coselica`.

- Cargarla en el espacio de trabajo.

- Descargar e instalar un compilador de lenguaje `C` compatible con `scilab`.

- Enlazar al compilador con `scilab`.

Descargar e instalar `coselica`

La descarga e instalación se simplifica enormemente si se cuenta con una conexión activa de internet. Se inicia una sesión en `scicos` y se escribe en la línea de comandos

```
-->atomsInstall('coselica')
```

Cargar `coselica` en el espacio de trabajo

Una vez que se cuenta con `coselica` instalado, se realiza la carga del paquete, simplemente tecleando

```
-->atomsLoad('coselica')
```

Descargar e instalar un compilador de lenguaje `C`

Un compilador compatible se puede encontrar bajo la dirección http://www.equation.com/ Voy a describir la experiencia relacionada con la instalación del compilador en una computadora en el cual el procesador maneja una longitud de palabra de 64 bits y utiliza el sistema operativo *Windows 7*©, algunas partes del procedimiento pueden variar en caso de utilizar distintos procesadores y sistemas operativos. La página tiene un aspecto más bien austero, pero funcional. Siguiendo las ligas ubicadas en el árbol de navegación del lado izquierdo de la página: `programming tools -- Fortran, C and C++ for windows`, haciendo clic en la liga se despliega una página en la cual es posible descargar el compilador adecuado. Una vez descargado en la computadora, es fácil realizar la instalación. Tras la instalación es necesario reiniciar la máquina.

Enlazar el compilador con `scicos`

Este paso se efectúa cargando el programa auxiliar `MinGw`, por medio de `atoms`:

```
atomsInstall('mingw');
atomsLoad('mingw');
```

La manera de comprobar que el compilador se encuentra correctamente instalado y es reconocido por `scicos`, es por medio del comando

```
-->haveacompiler()
ans   =
T
```

si, por el contrario, el valor de `ans` resulta ser el valor booleano `F`, es necesario instalar correctamente el compilador. Este suele ser un paso más bien delicado.

Modelo del cuarto del vehículo utilizando `xcos-coselica`

En la figura 53 se muestran dos diagramas: en el diagrama del lado izquierdo se encuentra el bosquejo del modelo del cuarto del vehículo (ver figura 13, en la página 51), mientras que del lado derecho se indica el diagrama que fue utilizado para efectuar la simulación por medio de `coselica`. Enmedio de ambos diagramas se indica, con ayuda de óvalos y flechas, la equivalencia entre los componentes mostrados en el esquema de la izquierda (el cual sirve para obtener los diagramas de cuerpo libre) y el diagrama elaborado en `coselica`. El diagrama también consta de accesorios auxiliares.

Bloque de masa con traslación (`CMTC_Mass`)

Representa una masa en movimiento traslacional, es decir, a lo largo de una línea recta. Los parámetros que emplea son

- `m`: masa del cuerpo rígido en movimiento [kg].

- `initType`: tipo de valor inicial para el desplazamiento y la velocidad (0 para un valor deducido (*guessed*), 1 para un valor fijo).

- `s_start`: valor inicial de la posición absoluta del centro de masa [m].

- `v_start`: valor inicial para la velocidad absoluta del centro de masa [m/s].

- `L`: longitud del componente, medido del borde de contacto izquierdo al borde de contacto derecho, [m] (en la notación de `coselica` es igual a la diferencia `flange_b.s - flange_a.s`).

Bloque de resorte traslacional (`MMT_Spring`)

Maneja los siguientes parámetros

- `s_rel0`: longitud libre del resorte [m].

- `c`: constante de rigidez del resorte [N/m], representa la constante de proporcionalidad de la ley de Hooke, que habitualmente se designa con k.

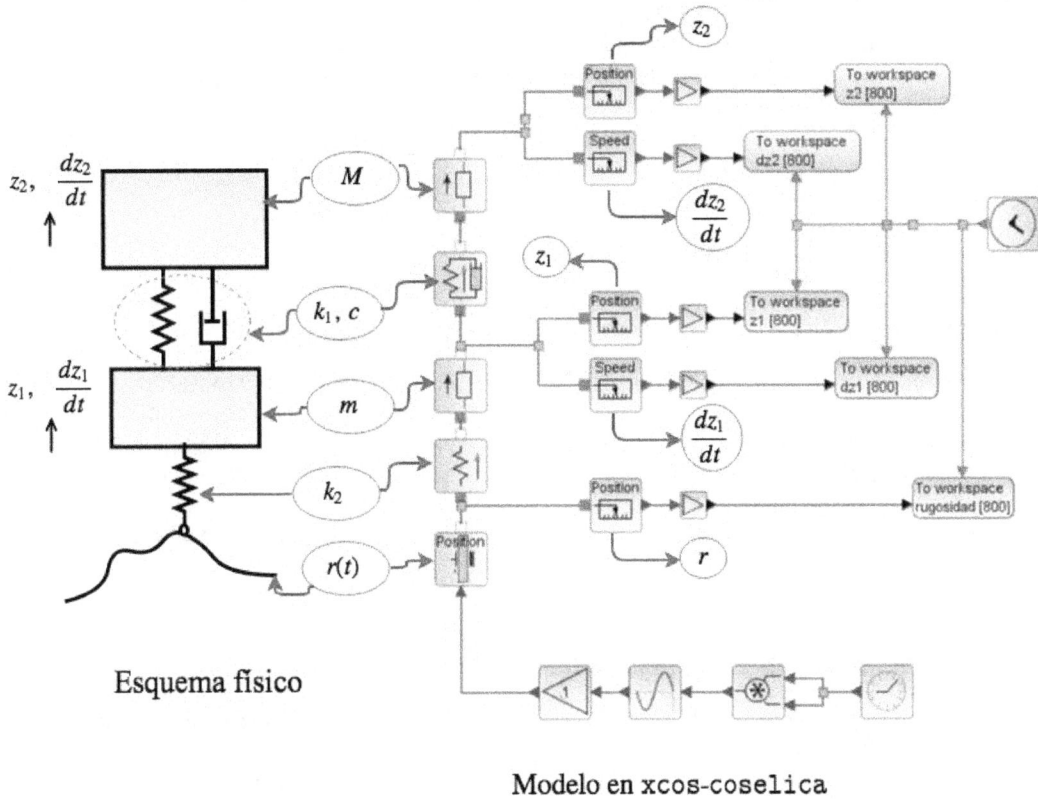

Figura 53: Modelo para la simulación física del cuarto de vehículo utilizando coselica.

Bloque de amortiguador viscoso traslacional unidimensional (`MMT_Damper`)

Emplea solamente un parámetro

- `d`: constante de proporcionalidad entre la velocidad traslacional y la fuerza de amortiguamiento viscoso [N·s/m].

Bloque de amortiguador viscoso con resorte traslacional (`MMT_springDamper`)

Representa un bloque de movimiento traslacional en paralelo con un amortiguador viscoso que ejerce una fuerza en oposición a dicho movimiento. Sus parámetros son

- `s_rel0`: longitud libre del resorte [m].

- `c`: constante del resorte [N/m].

- `d`: constante de amortiguamiento viscoso [N·s/m].

Bloque de medición de posición lineal (`CMTS_PositionSensor`)

Se trata de la implementación del bloque genérico `CMTS_GenSensor` cuya entrada se conecta a la salida de un bloque que representa alguna modalidad de masa traslacional. Se puede configurar para medir posición, velocidad o aceleración *absolutas*, lo cual se indica mediante un cuadro de diálogo que acepta tres posibles valores enteros: 0, 1 y 2, respectivamente.

- `Choose physical quantity: (0) position, (1) speed, (2) acceleration,`

la opción para este bloque es 0.

Bloque de medición de velocidad lineal (`CMTS_SpeedSensor`)

Como en el caso del bloque `CMTS_PositionSensor` se trata de la implementación del bloque genérico `CMTS_GenSensor` cuya entrada se conecta a la salida de un bloque que representa alguna modalidad de masa traslacional *absolutas*, lo cual se indica mediante un cuadro de diálogo que acepta tres posibles valores enteros: 0, 1 y 2, respectivamente.

- `Choose physical quantity: (0) position, (1) speed, (2) acceleration,`

la opción para medir velocidad utilizando este bloque es 1.

Bloque de ganancia de una cantidad física (`MBM_Gain`)

Este bloque recibe como entrada una señal física proveniente de cualquier bloque de `coselica` y produce como salida una señal del mismo tipo, pero multiplicada por el valor del parámetro adimensional `k`, el cual se modifica al hacer posicionar el apuntador sobre el bloque y oprimir dos veces el botón izquierdo, para mostrar el cuadro de diálogo

- `K [-]: Gain value multiplied wih input signal`

Bloque de función senoidal (MBM_Sin)

Este bloque acepta como entrada una señal de `coselica` y como salida el valor del seno. A diferencia del bloque correspondiente en `scilab`, no se trata de un bloque configurable, su amplitud es 1 y el ángulo de fase es 0.

Bloque de transductor de señal física a señal numérica (CBI_RealOutput)

El tipo de señal que maneja `coselica` tiene características distintas de las señales de `xcos`, razón por la cual, para aprovechar todas las posibilidades de cálculo y manejo de señales que ofrece `xcos`, es necesario efectuar una conversión. Esto se logra a través del bloque `CBI_RealOutput`.

Bloque para enviar señal al espacio de trabajo (TOWS_c)

Este bloque recibe una señal de `xcos` y la transforma en una estructura de datos en el espacio de trabajo de `scilab`. Sus parámetros son

- `Size of buffer`: se refiere al número de valores que, en cada simulación, se transfieren al espacio de trabajo de `scilab`. Si T es el tiempo total de simulación y h es el tamaño de paso del algoritmo de integración numérica.

- `Scilab variable name`: identificador bajo el cual se almacenará los valores de la variable que se exporta.

- `Ihnerit (n:0, yes:1)`: heredar, en este contexto, significa que la señal de este bloque poseerá las mismas características de la señal de salida del bloque de la que procede.

El resultado de utilizar este bloque en el espacio de trabajo en `scilab` es una estructura de datos en la cual los campos son los vectores

- `nombre.time` El número de componentes de este vector es igual al número de datos determinado por el parámetro `Size of buffer`.

- `nombre.values` El número de componentes de este vector es igual al número de datos determinado por `Size of buffer`.

Bloque de multiplicación de cantidades físicas

Efectúa la multiplicación de dos señales en el tipo de datos de `coselica`.

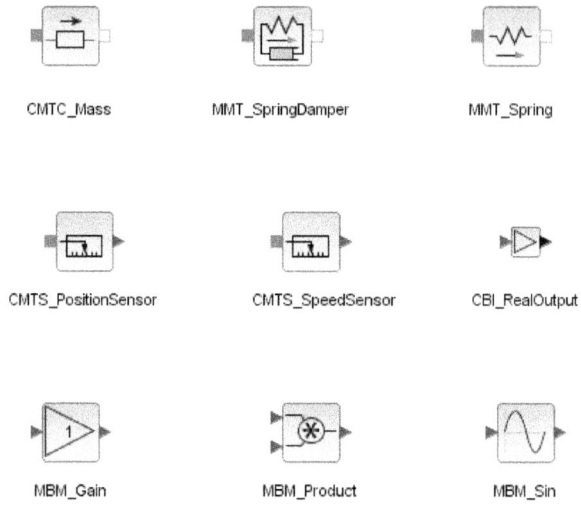

CMTC_Mass   MMT_SpringDamper   MMT_Spring

CMTS_PositionSensor   CMTS_SpeedSensor   CBI_RealOutput

MBM_Gain   MBM_Product   MBM_Sin

Figura 54: Bloques en `coselica` utilizados en el ejemplo de cuarto de vehículo.

Resultados de la simulación

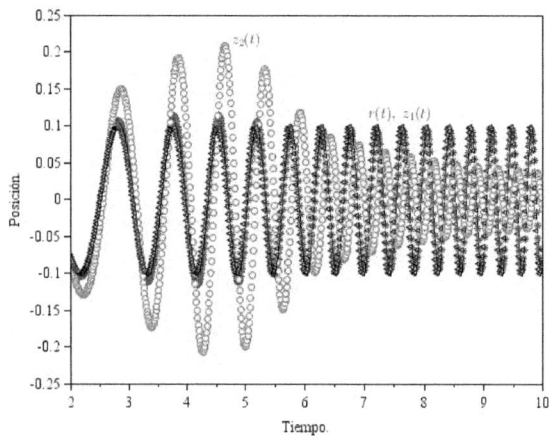

Figura 55: Respuesta simulada del modelo del cuarto de vehículo.

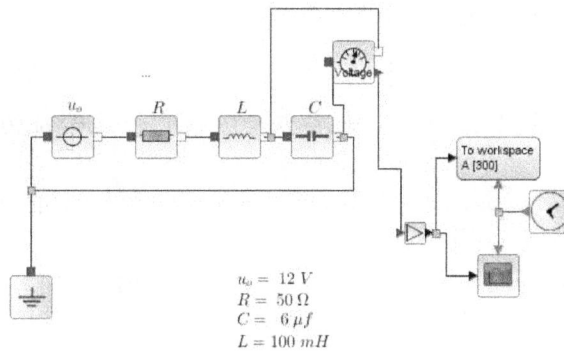

$u_\omega = 12\ V$
$R = 50\ \Omega$
$C = 6\ \mu f$
$L = 100\ mH$

Figura 56: Diagrama del circuito RLC serie utilizando `coselica`.

Los parámetros empleados en la simulación fueron

$$M = 1750\,\text{kg}, \qquad k_1 = 130\,000\,\text{N/m}, \qquad c = 9800\,\text{N·s/m} \qquad (7.3)$$
$$m = 20\,\text{kg}, \qquad 2 = 1\,000\,000\,\text{N/m}, \qquad z_1(0) = 0, \qquad (7.4)$$
$$z_2(0) = 0, \qquad \dot{z}_1(0) = 0, \qquad \dot{z}_2(0) = 0. \qquad (7.5)$$

La figura 55 muestra la respuesta a una rugosidad senoidal utilizando dichos parámetros. La entrada es una función senoidal con amplitud de 10 cm y, de acuerdo con la gráfica, inicialmente la variable z_2 efectúa un movimiento de amplitud considerable (poco más de 20 cm), el cual rápidamente decrece hasta un valor estacionario reducido, debido a la acción de los amortiguadores. La gráfica también muestra un decrecimiento, apenas perceptible, en la amplitud del movimiento del la masa inferior z_1, la cual, a diferencia de z_2, permanece muy cerca de su amplitud inicial. Este efecto se explica fácilmente al tomar en cuenta que el modelo no contempla amortiguamiento en la parte inferior del cuerpo de masa m.

Modelo en `coselica` del circuito RLC serie

La figura 56 exhibe el diagrama de un circuito serie RLC tal y como se simula utilizando `coselica`. El modelo de este circuito, utiliza, además de los bloques de reloj generador de eventos, conversión de señal física a señal numérica, graficación y exportar datos al espacio de trabajo, se incluyen cinco bloques que pertenecel al submenú de componentes eléctricos de `coselica` tierra eléctrica, fuente ideal de voltaje, resistor, bobina inductora, capacitor y medidor de voltaje, los cuales se describen en los siguientes apartados

Tierra eléctrica (`MEAB_Ground`)

Todo diagrama que incluya componentes eléctricos en `coselica` debe de incluir, en alguna parte del circuito, la especificación de un punto de referencia o tierra. Esto bloque solamente posee una conexión de entrada y se puede hallar bajo `coselica-Electrical-Basic`.

Fuente ideal de voltaje (`MEAS_StepVolt`)

Produce un voltaje ideal descrito por la función escalón con los siguientes parámetros

- `V[V]`: `Height of step`: amplitud del incremento del voltaje con respecto al valor inicial al momento del inicio.

- `offset [V]`: `Voltage offset`: valor del incremento que sufre el voltaje de salida del bloque al momento del inicio.

- `startTime [s]`: `Time offset`: valor, en segundos, de la variable que representa al tiempo el cual ocurre la transición del voltaje inicial al voltaje final.

Este bloque posee dos puertos que, a diferencia de los bloques de `xcos`, no representan entradas ni salidas, sino conexiones de conductores eléctricos. Tanto el bloque izquierdo como el derecho pueden hallarse conectados a tierra o a otros componentes. Se le encuentra en el menú `coselica-Electrical-sources`.

Resistor (`MEAB_resistor`)

Este bloque representa una resistencia eléctrica y sus puertos representan conexiones eléctricas. Sus único parámetro es

- `R [Ohm]`: `Resistance`: indica el valor de la resistencia.

Se le halla en el menú `coselica-Electrical-Basic`.

Robina inductor (`MEAB_Inductor`)

Este bloque representa un inductor lineal ideal, su único parámetro es

- `L [H]`: `Inductance`: la inductancia en Henrios [V·s/A].

Se le halla en el menú `coselica-Electrical-Basic` de `xcos`.

Capacitor (`MEAB_Capacitor`)

Este bloque representa un capacitor eléctrico lineal ideal. Posee dos puertos de conexión y tiene el parámetro

- `C[F]`: `Capacitance`: representa la capacitancia en faradios.

El bloque de capacitor se encuentra bajo el menú `Coselica-Electrical-Basic` de `xcos`.

Medidor de voltaje (`MEAS_VoltageSensor`)

Representa un voltímetro y posee tres puertos: dos de ellos representan conexiones eléctricas con otros componentes, los cuales se indica con un cuadro ya sea blanco o azul, y el tercero representa la salida de señal, que por lo común es necesario convertir a señal numérica de `xcos` para poder graficar o procesar. Esto bloque carece de parámetros configurables y se le encuentra bajo el submenú `Coselica-Electrical-Sensors` de `xcos`.

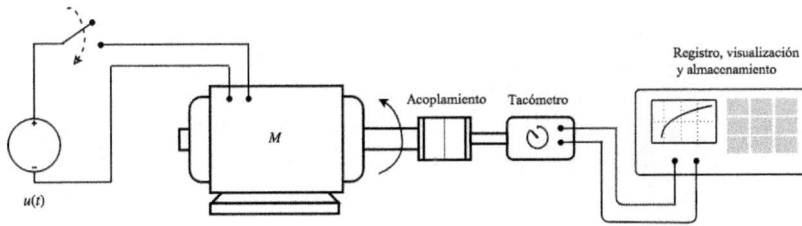

Figura 57: Arreglo para la determinación de la curva de respuesta en velocidad de un motor de CD.

7.7 Sistemas experimentales

En esta sección se describen algunos sistemas físicos de configuración sencilla, a tra vés de los cuales se pretende ilustrar las problemática relacionada con la determinación de los parámetros en los modelos físicos.

Caso de estudio: determinación de parámetros de un motor a partir de su respuesta transitoria

Para este ejercicio se requiere del siguiente instrumental y equipo

- Un motor de corriente directa.

- Un tacómetro (o en su defecto un *encoder* incremental).

- Una fuente de poder.

- Un módulo de adquisición de datos para el registro y visualización de la información. Puede ser una tarjeta de adquisición de datos conectada a una computadora, o bien un osciloscopio digital con capacidad de almacenamiento y descarga de información.

Un esquema del sistema se muestra en la figura 57. Se acopla rígidamente una masa (un disco, una barra simétrica, etc.) al rotor, al mismo tiempo que se acopla con el *encoder*, de tal manera que todo el movimiento rotacional quede resgistrado y capturado en la computadora. Partiendo del reposo, se aplica al motor un voltaje escalón (generalmente por medio de una señal PWM) y se registra la posición angular desde el inicio del movimiento hasta que resulte notorio que el sistema motor-masa giratoria acoplada ha alcanzado una velocidad constante fija. Una vez concluido el experimento, se realizan fuera de línea los datos registrados. Se realiza una gráfica de la posición como función del tiempo.

Se puede aplicar una fórmula de derivación numérica a los datos de la gráfica, pudiendo graficar de manera aproximada a la derivada. A partir de la forma de la curva, contestar las siguientes preguntas.

1. ¿ A qué clase de sistema se asemeja la curva de la respuesta en velocidad determinada por los cálculos aproximados? ¿De primer orden, de segundo orden sobreamortiguado, o de seguno orden subamortiguado?

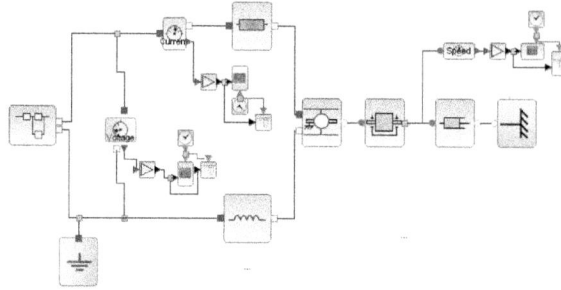

Figura 58: Diagrama del modelo del motor de CD en `coselica`.

2. De acuedo con su respuesta a la preugunta anterior, ¿Cuáles son los parámetros de la curva de respuesta?

Determinación de aproximada de la inductancia de un motor de CD

En el modelo que sirve para elaborar la función de transferencia de un motor de CD, resultan importantes la inductancia y la resistencia. Para efectuar dicha tarea se requiere el siguiente equipo

- Un motor de CD, el objeto de la medición.

- Un generador de señales, que permita generar señales de baja frecuencia.

- Un voltímetro.

- Un amperímetro o un sensor de corriente.

- Una protección contra corriente, por ejemplo, un relevador acoplado con el sensor de corriente, con el disparo programado en caso de que la corriente en el rotor exceda el valor nominal.

- Un freno mecánico.

- Un osciloscopio.

El procedimiento es sencillo: se monta fijamente el estator y por medio del freno mecánico se inmoviliza el motor, se aplica un voltaje senoidal $u(t) = u_0 \cos(\omega t)$ con una amplitud reducida, aproximadamente la sexta parte del voltaje nominal y se mide la corriente, circula por el devanado a raíz de la aplicación del voltaje, la corriente tendrá el valor $i_a(t) = i_0 \cos(\omega t + \varphi)$. Además de medir la magnitud, cerciorarse de que la forma de onda, detectada por el oscilocopio, sea senoidal. Una vez que se han efectuado las mediciones y desconectado el circuito. Se puede calcular la impedancia

$$|Z| = \frac{u_0}{i_0}. \tag{7.6}$$

Por otra parte, por medio del óhmetro, se efectúa la medición de la resistencia entre las terminales del rotor, obteniendo R_a por medición directa. Por la definición de impedancia en régimen senoidal

$$|Z|^2 = R_a^2 + X_L^2, \tag{7.7}$$

donde

$$X_L = \omega L \tag{7.8}$$

es la *reactancia inductiva* correspondiente a la frecuencia ω, a partir de la cual se puede obtener el parámetro buscado. Combinando (7.6), (7.7) y (7.8)

$$L = \frac{\sqrt{\dfrac{u_0}{i_0} - R_a^2}}{\omega}, \tag{7.9}$$

tomando en cuenta que la frecuencia angular en Herz f, se relaciona con la frecuencia en radianes por segundo a trvés de $\omega = 2\pi f$, y que generalmente los valores prácticos se expresan en estas últimas unidades, la determinación de la inductancia por este método se realiza a través de la fórmula

$$L = \frac{\sqrt{\dfrac{u_0}{i_0} - R_a^2}}{2\pi f}, \tag{7.10}$$

Medición de la constante de par de un motor de CD

En el modelo matemático del motor de corriente directa con excitación independiente se utiliza la expresión aproximada para el cálculo del par de origen eléctrico, producto de la repulsión entre la armadura y los campos, como

$$T_{\text{eléctrico}} = k_\tau i_a. \tag{7.11}$$

El objetivo de la medición experimental es determinar una cantidad significativa de puntos de la curva $T_{\text{eléctrico}}$ vs. i_a para obtener la pendiente k_τ en la región de interés, es decir, para valores del torque $T_{\text{eléctrico}}$ y la corriente de armadura i_a en los que operará el motor. Los accesorios para este experimento son

- Un motor de corriente directa.

- Una fuente de alimentación.

- Un freno de Prony.

- Un dinamómetro o sensor de fuerza.

- Un amperímetro o un sensor de corriente.

- Un voltímetro.

- Accesorio de protección contra sobrecorriente.

Como paso previo al empleo del freno de Prony, es necesario conocer el valor del coeficiente de fricción entre sus puntos de contacto. Se pone en funcionamiento el motor y se acciona el freno, procurando no detener el giro del disco, esperar breves instantes a que la velocidad se mantenga constante. Conociendo el diámetro del disco y el brazo de palanca del dinamómetro se determina el par desarrollado por el motor. Se repite la medición para varios valores del par, registrando, en cada caso, valor de la corriente de armadura que corresponde al valor medido del par. Cuando se hayan obtenido varias parejas de puntos $(T_{\text{electrico}}, i_a)$ se realizan la gráfica de los datos experimentales y se obtiene la pendiente de la mejor recta en dicho plano. Idealmente será una recta que pase por el origen. Las precauciones usuales:

- Evitar el funcionamiento del motor a bajas velocidades durante periodos prolongados.

- En caso de contar con datos de placa, evitar la valores de corriente que excedan el valor nominal de la corriente del motor.

- Evitar operar el freno de fricción durante periodos excesivos sin enfriamiento, ya que la exposición frecuente a altas temperaturas puede cambiar el coeficiente de fricción, o bien pueden desprenderse partículas cuya inhalación resulta altamente tóxica, como en el caso del asbesto.

Caso de estudio: curva de respuesta de un sistema de calentamiento por resistencia

El objetivo de este procedimiento es determinar experimentalmente la función de transferencia de un sistema que típicamente se considera de un sistema de primer orden. El equipo y material empleado se describe a continuación:

- Un recipiente conteniendo alrededor de 15 litros de agua a temperatura ambiente.

- Una resistencia eléctrica para calentar agua de uso doméstico (entre 500 y 1000 W, 127 V AC).

- Un sensor de temperatura.

- Un sistema de adquisición de señales.

- Un arreglo de dos multímetros o su equivalente para la medición y monitoreo de la potencia instantánea.

- Una computadora, portátil o de escritorio.

El esquema se muestra en la figura 59.

El experimento consiste en que, partiendo de la temperatura ambiente, se energiza repentinamente la resistencia sumergida en el agua y esta comienza a calentarse. Se monitorea en tiempo real la serie de valores de la temperatura, teniendo cuidado de registrar el instante de tiempo en el cual se registra cada valor de temperatura. Algunos detalles sobre este experimento:

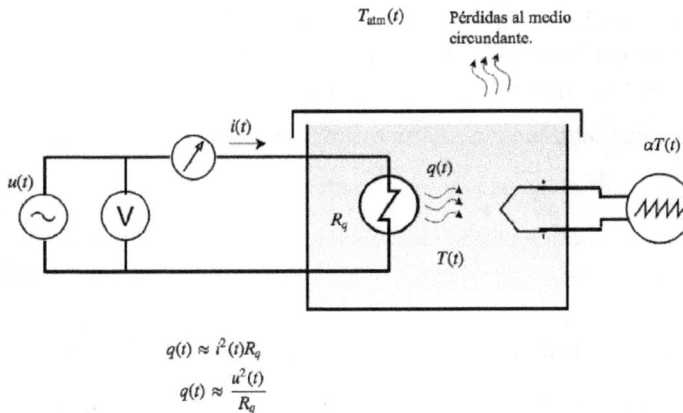

Figura 59: Esquema del equipo experimental de calentador.

Observar en todo momento las medidas de seguridad y cuidado del equipo: no realizar conexiones en superficies mojadas, evitar contacto accidental entre el agua y los conductores eléctricos, evitar que la resistencia entre en contacto con el sensor, etc.

El tiempo de muestreo, dada la dinámica del sistema puede ser de un segundo sin temor a perder información relevante.

Debido a la diferencia de escalas de tiempo entre el fenómeno de calentamiento del recipiente y el ciclo de la corriente alterna, aunque la disipación de potencia por efecto Joule varía senoidalmente, en lo que respecta a la masa de agua la potencia es una entrada escalón con un valor igual al valor eficaz de la potencia. De esta manera, el sistema puede considerarse como un sistema térmico al cual se le aplica como entrada una fuente de calor en forma de función escalón.

El tiempo de duración del proceso de calentamiento es alrededor de 20 minutos, dependiendo de la temperatura inicial del agua y la temperatura ambiente.

Una vez alcanzado un valor aproximadamente constante de la temperatura, detener el calentamiento. Detener el experimento en caso de que comience la ebullición, en ese caso, buscar una mayor masa de agua o limitar la disipación de potencia del calentador.

Monitorear la potencia instantánea, ya que las fluctuaciones del voltaje en la red de suministro, así como las variaciones en el control de calidad del resistor pueden tener como consecuencia que el suministro real de calor durante la realización del experimento no coincida con la potencia nominal de la resistencia.

En la figura 59 se muestra esquemáticamente en montaje experimental: la resistencia eléctrica sumergida dentro del líquido, se conecta a un suministro de corriente alterna. La potencia disipada en forma de calor dentro del tanque es aproximadamente igual a la potencia eléctrica instantánea, la cual puede determinarse con ayuda de los instrumentos de medición, voltmetro y amperímetro, acoplados en paralelo y en serie, respectivamente, con la resistencia. Se coloca un sensor de temperatura lo más cercano al centroide del volumen del líquido, pero debidamente alejado de la resistencia, de tal manera que el voltaje produ-

cido sea indicador confiable de la temperatura media del líquido. La voltaje del termopar
será una cantidad proporcional a la temperatura en la zona de medición $T(t)$.

Una vez efectuado el experimento, responder a las siguientes preguntas:

1. ¿Qué forma tiene la gráfica de temperatura como función del tiempo?

2. ¿Cuál es el valor estacionario de la temperatura?

3. A partir de la respuesta a la pregunta anterior y conociendo la potencia efectivamente
   monitoreada, determinar la ganancia entre la entrada y el valor estacionario de la
   salida.

4. ¿Cuál es el tiempo de asentamiento?

5. A partir de la respuesta anterior, determinar la constante de tiempo.

6. Con los resultados de los cálculos efectuados, determinar la función de transferencia
   aproximada.

7. Considerando la potencia aplicada como una función escalón con la magnitud que
   se aplicó durante el experimento, efectuar la simulación empleando la función de
   transferencia obtenida por este procedimiento. Graficar la salida comparada con los
   valores reales.

Determinación indirecta del coeficiente de fricción en un péndulo simple

La medición del coeficiente de fricción viscosa a partir de las cantidades involucradas en la
definición, implica la necesidad de examinar el componente en cuestion de manera aislada,
lo cual resulta imposible en muchas ocasiones. En sistemas lo suficientemente sencillos, en
los que es posible visualizar directamente el papel que juegan en la función de transferencia
los parámetros como la masa, la gravedad y el coeficiente de fricción viscosa, una alternativa
consiste en efectuar mediciones experimentales y comparar estas mediciones con el resultado
de una simulación en la que se emplean parámetros fácilmente medibles y valores supuestos
de los parámetros inaccesibles, en este caso particular, el coeficiente de fricción viscosa. Se
comparan los resultados de la simulación y en caso de que no coincidan se corrige el valor
propuesto del parámetro desconocido, repitiendo el proceso hasta lograr que la gráfica de
la simulación conicida con la gráfica de los valores experimentales.

El equipo necesario en este experimento, es el que se detalla a continuación:

1. Un péndulo consistente en una varilla rígida, con una masa fija en su extremo inferior
   y unido a un soporte superior por medio de un pivote de tal manera que su movimiento
   se encuentre limitado a efectuarse en un plano vertical. La masa del extremo deberá
   ser de al menos cinco veces la masa de la varilla.

2. Un elemento de medición de la posición angular, con una resolución de al menos 1° .
   Puede emplearse un codificador o *encoder* óptico o de efecto Hall.

3. Un sistema de adquisición, visualización y/o registro de datos, tal como una tarjeta
   DAQ conectada a una computadora con su respectivo *software*.

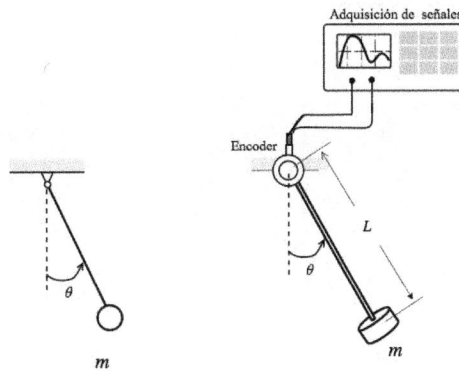

Figura 60: Esquema del experimento del péndulo simple.

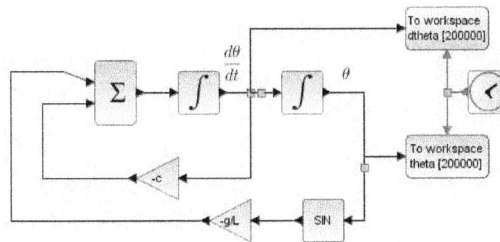

Figura 61: Diagrama de bloques para la simulación del péndulo simple.

4. Un goniómetro o transportador para medir la posición inicial de los desplazamientos.

El esquema del péndulo simple se aprecia en la figura 60.

La simulación por medio de diagrama de bloques se indica en la ilustración 61. En la figura 61 se muestra el diagrama de bloques de simulación, elaborado en `xcos` que fue empleado para producir los resultados de la figura 62.

7.8 Notas y referencias

El uso y descripción detallada sobre `scilab` y las versiones anteriores de `xcos` se encuentran completamente descritos en [Campbell et al., 2011], una referencia que se enfoca a los aspectos más relevantes de las versiones más recientes se puede encontrar en [Scilab-Enterprises, 2013]. En las referencias [Tiller, 2001] y [Fritzon, 2004] se puede hallar una descripción más extensa del lenguaje y del estándar `modelica`.

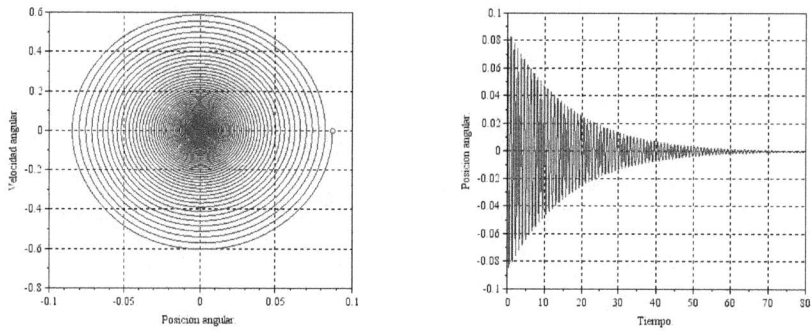

Figura 62: Gráficas de la simulación del péndulo simple.

Bibliografía

[Aplevich, 2000] Aplevich, J. D. (2000). *The essentials of linear state-space systems.* John Wiley & Sons, Inc., Danvers, MA, United States of America.

[Aris, 1988] Aris, R. (1988). *Mathematical Modeling Techniques.* Dover, New York, United States of America.

[Beer et al., 2007] Beer, F., Johnston, R., and Clausen, W. (2007). *Mecánica Vectorial para Ingenieros.* McGraw-Hill, México.

[Bender, 2000] Bender, E. A. (2000). *An Introduction to Mathematical Modeling.* Dover, Mineola, New York, United States of America.

[Betancourt-Vera et al., 2014] Betancourt-Vera, A., Ortiz-Moctezuma, M., Sanchez-Orellana, P., and Valdez, N. R. (2014). Mobile implementation for hovering flight of a quadcopter. *Tecnointelecto*, 11(2):20–29.

[Bolton, 2013] Bolton, W. (2013). *Mecatrónica. Sistemas de Control Electrónico en la Ingeniería Mecánica y Eléctrica.* Alfaomega, México D.F., México.

[Boukas and AL-Sunni, 2011] Boukas, E.-K. and AL-Sunni, F. M. (2011). *Mechatronic systems. Analysis, design and implementation.* Springer, Heidelberg, Germany. DOI: http://dx.doi.org/10.1007/978-3-642-22324-2_2.

[Boylestad and Nashelsky, 2009] Boylestad, R. L. and Nashelsky, L. (2009). *Electrónica: Teoría de circuitos y dispositivos electrónicos.* Pearson Educación, México.

[Burden and Faires, 2011] Burden, R. L. and Faires, J. D. (2011). *Análisis Numérico. 9a. edición.* Cengage Learning, México.

[Campbell et al., 2011] Campbell, S. L., Chancelier, J.-P., and Nikoukhah, R. (2011). *Modeling and simulation in Scilab/Scicos.* Springer, United States of America.

[Cetinkunt, 2007] Cetinkunt, S. (2007). *Mechatronics.* Jonhn Wiley & Sons, United States of America.

[Chapra and Canale, 2007] Chapra, S. C. and Canale, R. P. (2007). *Métodos numéricos para ingenieros. Quinta edición.* McGraw-Hill, México.

[de Silva, 2009] de Silva, C. W. (2009). *Modeling and Control of Engineering Systems.* CRC Press, United States of America.

[Doetsch, 1974] Doetsch,   G.   (1974).   *Introduction   to   the   theory   and applications   of   Laplace   transform.*   Springer,   Berlin,   Gemany. DOI:http://dx.doi.org/10.1007/978-3-642-65690-3.

[Domínguez et al., 2002] Domínguez, S., Campoy, P., Sebastián, J. M., and Jiménez, A. (2002). *Control en el espacio de estado.* Pearson Educación, Madrid, España.

[F.Gantmacher, 1975] F.Gantmacher (1975). *Lectures in analytical mechanics.* Mir, Moscow, Union of Soviet Socialist Republics.

[Fraile-Mora, 2008] Fraile-Mora, J. (2008). *Máquinas eléctricas. Sexta edición.* McGraw-Hill, España.

[Franklin et al., 2002] Franklin, G. F., Powell, J. D., and Emami-Naeini, A. (2002). *Feedback Control of Dynamic Systems.* Prentice-Hall, Upper Saddle River, New Jersey, United States of America.

[Fritzon, 2004] Fritzon, P. (2004). *Principles of Object-Oriented Modeling and Simulation with Modelica 2.1.* Wiley-Interscience, United States of America.

[Goodwin et al., 2001] Goodwin, G. C., Graebe, S. F., and Salgado, M. E. (2001). *Control system design.* Prentice-Hall, Upper Saddle River, New Jersey, United States of America.

[Gotze, 1999] Gotze, R. (1999). *Elementos de Fśica Matemática.* Instituto Politécnico Nacional, México D.F., México.

[Gourishankar, 1975] Gourishankar, V. (1975). *Conversión de energía electromecánica.* Representaciones y Servicios de Ingeniería S.A., México.

[Kanoop et al., 2008] Kanoop, D. C., Margolis, D. L., and Rosenberg, R. C. (2008). *System Dynamics. Modeling and Simulation of Mechatronic Systems.* John Wiley & Sons., United States of America.

[Kecman, 1988] Kecman, V. (1988). *State-Space Models of Lumped and Distributed Systems. (Lecture Notes in Control and Information Sciences no. 112).* Springer, Berlin, Germany. DOI: http://dx.doi.org/10.1007/BFb0040972.

[Kontorovich, 1999] Kontorovich, M. (1999). *Cálculo operacional y fenómenos no estacionarios en circuitos eléctricos.* Instituto Politécnico Nacional, México, D.F., México.

[Kotkin and Serbo, 1988] Kotkin, G. and Serbo, V. (1988). *Problemas de Mecánica Clásica.* Mir, Moscú, Unión de Repúblicas Socialistas Soviéticas.

[Kurmyshev and Sánchez-Yánez, 2003] Kurmyshev, E. V. and Sánchez-Yánez, R. E. (2003). *Fundamentos de Métodos Matemáticos para Física e Ingeniería.* Limusa Noriega, México.

[Landau and Lifshitz, 1994] Landau, L. and Lifshitz, E. (1994). *Mecánica. Volumen 1 de curso de Física Teórica.* Reverté.

[Lebedev et al., 1979] Lebedev, N., Skalskaya, I., and Uflyand, Y. (1979). *Worked Problems in Applied Mathematics.* Dover, New York, United States of America.

[Lyshevski, 2008] Lyshevski, S. E. (2008). *Electromechanical Systems and Devices.* CRC Press., United States of America.

[Meirovitch, 2003] Meirovitch, L. (2003). *Methods of Analytical Dynamics.* Dover., Mineola, New York, United States of America.

[Myskis, 1975] Myskis, A. (1975). *Advanced Mathematics for Engineers. Special Courses.* Mir, Union of Soviet Socialist Republics.

[Nise, 2011] Nise, N. N. (2011). *Control Systems Engineering.* John Wiley & Sons, Hoboken, New Jersey, United States of America.

[Ogata, 1987] Ogata, K. (1987). *Dinámica de sistemas.* Prentice-Hall Hispanoamericana, Naucalpan de Juarez, Edo. de México, México.

[Ogata, 2010] Ogata, K. (2010). *Ingeniería de Control Moderna. 5a. ed.* Prentice-Hall, México.

[Palm, 2000] Palm, W. J. (2000). *Modeling, analysis and control of dynamic systems.* John Wiley & Sons, Inc., Danvers, United States of America.

[Penrose, 2002] Penrose, R. (2002). *La mente nueva del emperador.* Fondo de Cultura Económica, México.

[Rao, 2012] Rao, S. S. (2012). *Vibraciones Mecánicas.* Pearson Educación, México.

[Ras, 1995] Ras, E. (1995). *Teoría de Circuitos.Fundamentos.* Alfaomega, Colombia.

[Ruiz-Méndez, 2014] Ruiz-Méndez, N. (2014). Aplicación de algoritmos avanzados de control para el mejoramiento del desempeño de la suspensión activa. diploma thesis, Universidad Politécnica de Victoria, Ciudad Victoria, Tamaulipas, México. (Tesis para obtener el grado de Maestro en Ingeniería, bajo la dirección de M. B. Ortiz Moctezuma).

[Scilab-Enterprises, 2013] Scilab-Enterprises (2013). *Xcos for very beginners.* Scilab Enterprises, Versailles, France. Recuperado de `http://www.scilab.org/content/view/full/957`,(consultado 20-12-2015.).

[Seshu and Balabanian, 1964] Seshu, S. and Balabanian, N. (1964). *Linear Network Analysis.* John Wiley & Sons, United States of America.

[Shetty and Kolk, 2011] Shetty, D. and Kolk, R. A. (2011). *Mechatronics system design.* Cengage Learning, United States of America.

[Solodovnikov, 1960] Solodovnikov, V. (1960). *Introduction to the Statistical Dynamics of Automatic Control Systems.* Dover, United States of America.

[Spiegel, 1999] Spiegel, M. R. (1999). *Transformadas de Laplace*. McGraw-Hill, México. Serie de compendios Schaum.

[Terrel, 2009] Terrel, W. J. (2009). *Stability and Stabilization. An introduction*. Princeton University Press, United States of America.

[Tiller, 2001] Tiller, M. M. (2001). *Introduction to Physical Modeling with Modelica*. Kluwer Academic Publishers, Massachusetts, United States of America. DOI: http://dx.doi.org/10.1007/978-1-4615-1561-6.

[Welbourn and Smith, 1996] Welbourn, D. and Smith, J. (1996). *Fundamentos de la dinámica de las máquinas herramienta*. Alfaomega, México.

[Wiener, 1981] Wiener, N. (1981). *Cibernética y Sociedad*. Consejo Nacional de Ciencia y Tecnología, México.

[Woods and Lawrence, 1997] Woods, R. L. and Lawrence, K. L. (1997). *Modeling and Simulation of Dynamic Systems*. Prentice-Hall, New Jersey, United States of America.

Apéndice A

Sobre números complejos

A.1 Aspectos básicos sobre los números complejos

Un número complejo z, es una pareja de números reales x, y, tales que se pueden ordenar de la siguiente manera

$$z = x + jy, \tag{A.1}$$

donde el símbolo j denota la *unidad imaginaria*, la cual cumple con la siguiente e importante propiedad

$$j^2 = -1 \text{ o, de manera equivalente } j = \sqrt{-1}. \tag{A.2}$$

Al número real x se le conoce como *parte real* y al número real que multiplica a la unidad imaginaria, se le denomina *parte imaginaria* y se denotan respectivamente como

$$x = \operatorname{Re} z \qquad\qquad y = \operatorname{Im} z. \tag{A.3}$$

Otra importante definición es la de *conjugado complejo*. Si $z = x + jy$ es un número complejo, su conjugado complejo es el número complejo obtenido al invertir el signo de la parte imaginaria.

$$\overline{z} = x - jy. \tag{A.4}$$

Las operaciones con números complejos pueden considerarse, para todos los efectos prácticos, como la aplicación de las reglas del álgebra, añadiendo las definiciones (A.1) y (A.2). Los números complejos pueden representarse en un plano cartesiano particular, denominado *plano de Argand*, que se ilustra en la Figura 63 donde la parte real es la abcisa y la parte imaginaria la ordenada; a esta representación se le denomina *forma cartesiana*. Alternativamente, se puede representar a cada número complejo en forma polar: el radio es

---

[1]Esta cita resulta bastante pertinente al recordar que aún hoy en día, existe mucha gente instruida que sigue considerando de manera confusa a los números complejos como un sinónimo de fantasía.

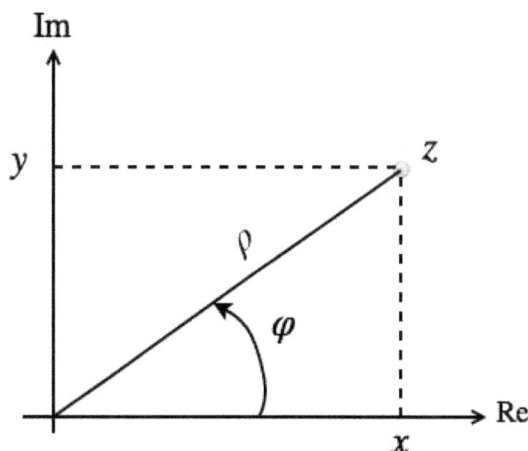

Figura 63: El plano complejo.

la longitud de un segmento trazado desde el origen de coordenadas al punto que representa al número complejo z y el ángulo, o argumento (valor principal) es el ángulo que dicho segmento forma con respecto al lado derecho del eje horizontal, al cual se le conoce como *eje real*, mientras que el eje imaginario se denomina *eje imaginario*; a esta segunda representación se le conoce como *forma polar*. La forma polar y la forma cartesiana se relacionan por

$$x = \rho \cos \varphi, \qquad\qquad y = \rho \,\text{sen}\varphi \qquad\qquad (A.5)$$

$$\rho = \sqrt{x^2 + y^2} \qquad\qquad \tan \varphi = \frac{y}{x}. \qquad\qquad (A.6)$$

La suma de los dos números complejos $z_1 = x_1 + y_1 j$ y $z_2 = x_2 + y_2 j$ se obtiene como

$$z_1 + z_2 = (x_1 + x_2) + (y_1 + y_2)j. \qquad\qquad (A.7)$$

El producto de los números complejos es, por su parte

$$z_1 z_2 = (x_1 + jy_1)(x_2 + jy_2) = x_1 x_2 - y_1 y_2 + j(x_1 y_2 + x_2 y_1). \qquad\qquad (A.8)$$

La división de números complejos se puede expresar como

$$\frac{z_1}{z_2} = \frac{x_1 + jy_1}{x_2 + jy_2} = \frac{x_1 + jy_1}{x_2 + jy_2} \cdot \frac{x_2 - jy_2}{x_2 - jy_2}$$
$$\frac{z_1}{z_2} = \frac{x_1 x_2 + y_1 y_2}{x_2^2 + y_2^2} + j\frac{(y_1 x_2 - x_1 y_2)}{x_2^2 + y_2^2}. \qquad\qquad (A.9)$$

En inverso multiplicativo, o simplemente inverso, de un número complejo $z = x + jy$ es

$$\frac{1}{z} = \frac{x}{x^2 + y^2} - j\frac{y}{x^2 + y^2}. \qquad\qquad (A.10)$$

Para un número complejo $z \neq 0$ se tiene $z^0 = 1$. Esto permite definir las potencias de cualquier número complejo

$$z^n = z \cdot z^{n-1}, \text{ y } z^{-n} = \frac{1}{z^n}, \quad \text{para } z \neq 0. \tag{A.11}$$

En el manejo de números complejos, una además de la forma algebraica, una representación analítica de la forma polar que resulta conveniente es

$$z = \rho e^{j\varphi}, \text{ para } z \neq 0. \tag{A.12}$$

donde la exponencial compleja tiene el siguiente significado

$$e^{j\varphi} = \cos\varphi + j\text{sen}\,\varphi. \tag{A.13}$$

La expresión (A.12) resulta muy útil para representar las operaciones de multiplicación, división, potenciación, radicación e incluso logaritmos.

Apéndice B

Operaciones básicas con matrices

Computer science is no more about computers than astronomy is about telescopes[1]
—EDSGER DIJKSTRA

B.1   Definiciones y operaciones básicas

Definición de matriz

Una matriz definida sobre un campo de números es un arreglo rectangular de cierto número de filas y de columnas, cuyos componentes son números, los cuales pueden ser reales o complejos. Se acostumbra utilizar letras mayúsculas del abecedario para referirse a las matrices. Por ejemplo, una matriz A que consta de números reales agrupados en tres filas y dos columnas denota por $A \in \mathbb{R}^{3 \times 2}$. En general, se dice que una matriz de m filas y n columnas pertenece a $\mathbb{R}^{m \times n}$ si sus componentes son números reales o bien pertenece a $\mathbb{C}^{m \times n}$. Dado cualquier entero $i \in \{1, 2, \ldots, m\}$ y cualquier $j \in \{1, 2, \ldots, m\}$, el elemento que se encuentra en la intersección de la i-ésima fila y la j-ésima columna de la matriz A se denota como a_{ij}. Por ejemplo, si $A \in \mathbb{R}^{3 \times 2}$ está dada por

$$A = \begin{pmatrix} 2 & -1 \\ 0 & 4 \\ 3 & 2 \end{pmatrix}, \tag{B.1}$$

entonces $a_{11} = 2$, $a_{12} = -1$, $a_{21} = 0$, $a_{22} = 4$, $a_{31} = 3$ y $a_{32} = 2$. Similarmente, la matriz compleja $B \in \mathbb{C}^{3 \times 2}$ indicada por

$$B = \begin{pmatrix} j & -j \\ 2j & 0 \\ -2j & 3 \end{pmatrix} \tag{B.2}$$

tiene los elementos $b_{11} = j$, $b_{12} = -j$, $b_{21} = 2j$, $b_{22} = 0$, $b_{31} = -2j$, $b_{31} = 3$. Las componentes de una matriz también pueden ser funciones, reales o complejas, de una o

---

[1]Edsger Dijkstra (1930-2002). Matemático holandés y científico de la computación, con innumerables contribuciones a las ciencias de la computación.

más variables, por ejemplo

$$\Phi(t) = \begin{pmatrix} e^{-2t} & t \\ 1 & e^{-3t} \\ \cos t & e^t \cos t \end{pmatrix}. \tag{B.3}$$

En general se denota a una matriz arbitraria como $A = [a_{ij}]$, $i = 1, 2, \ldots, m$, $j = 1, 2, \ldots, n$ como

$$A = \begin{pmatrix} a_{11} & a_{21} & \cdots & a_{1n} \\ a_{21} & a_{22} & \cdots & a_{2n} \\ \vdots & \vdots & \ddots & \vdots \\ a_{m1} & a_{m2} & \cdots & a_{mn} \end{pmatrix} \tag{B.4}$$

Las matrices que constan de una sola columna o de una sola fila se conocen como *vectores columna* o *vectores fila* y se acostumbra indicarlos con letras minúsculas. Cuando queda claro el contexto, se acostumbra denotar a los vectores columna y a los vectores fila, cuando sus components son reales, como pertenecientes a $\mathbb{R}^n$, en lugar de $\mathbb{R}^{n \times 1}$ o $\mathbb{R}^{1 \times n}$, respectivamente. La misma observación es cierta en el caso de los vectores complejos. Una *matriz cuadrada* de orden n es una matriz que tiene el mismo número n de filas que de columnas. Por ejemplo la matriz

$$Q = \begin{pmatrix} 1 & 2 \\ 0 & -1 \end{pmatrix}, \tag{B.5}$$

es una matriz cuadrada de segundo orden. Los elementos de una matriz para los cuales el número de columna es igual al número de fila, se denominan elementos de la *diagonal principal*. Por ejemplo, los elementos de la diagonal principal de la matriz Q (B.5) son 1 y -1. Una matriz cuadrada en la cual, todos los elementos son ceros, exceptuando a los de la diagonal principal, se le denomina *matriz diagonal*. Si los componentes de la diagonal principal de una matriz diagonal son iguales, se denomina a esta matriz *matriz escalar*. Una clase de matriz escalar muy empleada, es la llamada *matriz identidad*. Por ejemplo, la matriz identidad de tercer orden es

$$I = \begin{pmatrix} 1 & 0 & 0 \\ 0 & 1 & 0 \\ 0 & 0 & 1 \end{pmatrix} \tag{B.6}$$

Matriz transpuesta, conjugada transpuesta

A la matriz de n filas y m columnas que se obtiene al intercambiar las filas por las columnas de una matriz de m filas y n columnas se le denomina *matriz transpuesta* de la matriz original. Así la transpuesta de la matriz (B.4) es la matriz $[a_{ji}]$, indicada como

$$A^T = \begin{pmatrix} a_{11} & a_{21} & \cdots & a_{m1} \\ a_{12} & a_{22} & \cdots & a_{m2} \\ \vdots & \vdots & \ddots & \vdots \\ a_{1n} & a_{2n} & \cdots & a_{mn} \end{pmatrix} \tag{B.7}$$

Una matriz A que es igual a su transpuesta, es decir $A = A^T$ se denomina *matriz simétrica*, mientras que si es una matriz tal que $A = -A^T$, es decir $a_{ij} = -a_{ji}$, se le denomina matriz antisimétrica. Las matrices diagonales son casos obvios de matrices simétricas. La *conjugada transpuesta* de una matriz $C \in \mathbb{C}^{m \times n}$ se obtiene transponiendo y obteniendo el complejo conjugado de cada uno de los componentes y se denota como $C^* = [\bar{c}_{ji}]$. Una matriz cuadrada se denomina *hermitiana* si $C = C^*$, mientras que es *antihermitiana* si $C = -C^*$.

Suma de matrices

La operación de adición (o suma) de dos matrices A y B está definida solamente entre matrices que poseen el mismo número de filas que de columnas y se denota como $A+B = C$, donde $[c_{ij} = a_{ij} + b_{ij}]$. Por ejemplo la suma de las matrices indicadas en (B.1) y (B.2) es

$$A + B = \begin{pmatrix} 2 & -1 \\ 0 & 4 \\ 3 & 2 \end{pmatrix} + \begin{pmatrix} j & -j \\ 2j & 0 \\ -2j & 3 \end{pmatrix} = \begin{pmatrix} 2+j & -1-j \\ 2j & 4 \\ 3-2j & 5 \end{pmatrix}. \tag{B.8}$$

Multiplicación de matrices por escalares

El producto de la matriz A con el escalar (número real o complejo, o función) c es la matriz $cA = [ca_{ij}]$. Por ejemplo, el producto del número 3 con la matriz (B.1) es

$$3A = \begin{pmatrix} 6 & -3 \\ 0 & 12 \\ 9 & 6 \end{pmatrix}. \tag{B.9}$$

Multiplicación de matrices

El producto de dos matrices A y B, en ese orden, es una operación que solamente se puede realizar si *el número de columnas del primer factor es igual al número de filas del segundo factor*. El resultado es una matriz que que posee el mismo número de filas del primer factor y el mismo número de columnas del segundo factor. Si existe el producto AB, se dice que la matriz A *premultiplica* a la matriz B, o bien, que la matriz B *postmultiplica* a la matriz A. Si A es una matriz de $m \times p$ y B es de dimensiones $p \times n$ elemento c_{ij} de la matriz $C = AB$ se obtiene de acuerdo con la fórmula

$$c_{ij} = \sum_{k=1}^{p} a_{ik} b_{kj} \qquad \text{para} \qquad i = 1, 2, \ldots, m, \qquad j = 1, 2, \ldots, n. \tag{B.10}$$

Por ejemplo, el producto de las matrices

$$M = \begin{pmatrix} -1 & 1 \\ 2 & 3 \end{pmatrix} \qquad \text{y} \qquad R = \begin{pmatrix} 4 & 0 \\ -5 & 1 \end{pmatrix} \tag{B.11}$$

es

$$MR = \begin{pmatrix} -1 \cdot 4 + 1 \cdot (-5) & -1 \cdot 0 + 1 \cdot 1 \\ 2 \cdot 4 + 3 \cdot -5 & 2 \cdot 0 + 3 \cdot 1 \end{pmatrix} = \begin{pmatrix} -9 & 1 \\ -7 & 3 \end{pmatrix}. \tag{B.12}$$

B.2   Determinantes, inversas y sistemas de ecuaciones

Determinante de una matriz

En principio un determinante es una función que a cada matriz cuadrada le asocia un valor numérico, calculado a partir de todos los productos de n factores, tomando uno de cada columna. Un escalar se puede considerar como una matriz de 1×1 y su determinante es igual al mismo escalar. El determinante de una matriz cuadrada de 2×2, es

$$\det \begin{pmatrix} a_{11} & a_{12} \\ a_{21} & a_{22} \end{pmatrix} = a_{11}a_{22} - a_{21}a_{12}. \tag{B.13}$$

Para definir al determinante de una matriz de orden n, Se recurre a la noción de *cofactor*. El cofactor del elemento a_{ij}, indicado por $\mathrm{cof}(a_{ij})$, es el determinante que se obtiene tras multiplicar por $(-1)^{i+j}$ al determinante de orden $(n-1) \times (n-1)$ obtenido al suprimir la i-ésima fila y la j-ésima columna. De esta forma, el determinante de la matriz $A = [a_{ij}]$ se puede definir como la suma de los productos de los elementos de la primera fila por sus respectivos cofactores.

$$\det A = \sum_{k=1}^{n} a_{1k} \cdot \mathrm{cof}(a_{1k}). \tag{B.14}$$

En realidad el desarrollo se puede hacer con los elementos y los cofactores de la segunda fila, la tercera o la última. También se puede efectuar usando cualquiera de las columnas.

Matriz inversa

La inversa de una matriz A es la matriz, denotada por A^{-1}

$$AA^{-1} = A^{-1}A = I. \tag{B.15}$$

Una manera de efectuar el cálculo de la inversa de una matriz es por medio de la fórmula

$$A = \frac{1}{\det A} \begin{pmatrix} \mathrm{cof}(a_{11}) & \mathrm{cof}(a_{12}) & \cdots & \mathrm{cof}(a_{1n}) \\ \mathrm{cof}(a_{21}) & \mathrm{cof}(a_{22}) & \cdots & \mathrm{cof}(a_{2n}) \\ \vdots & \vdots & \ddots & \vdots \\ \mathrm{cof}(a_{n1}) & \mathrm{cof}(a_{n2}) & \cdots & \mathrm{cof}(a_{nn}) \end{pmatrix}^{T} \tag{B.16}$$

En realidad el cálculo de inversas por medio de la fórmula (B.16) solamente tiene fines informativos y no es una técnica numéricamente eficiente.

Matrices y sistemas de ecuaciones

Considérese un sistema de n ecuaciones algebraicas con n incógnitas

$$\begin{aligned} a_{11}x_1 + a_{12}x_2 + \cdots + a_{1n}x_n &= b_1 \\ a_{21}x_1 + a_{22}x_2 + \cdots + a_{2n}x_n &= b_2 \\ &\vdots \\ a_{n1}x_1 + a_{n2}x_2 + \cdots + a_{nn}x_n &= b_n \end{aligned} \tag{B.17}$$

el cual puede escribirse en forma matricial

$$\begin{pmatrix} a_{11} & a_{12} & \cdots & a_{1n} \\ a_{21} & a_{22} & \cdots & a_{2n} \\ \vdots & \vdots & \ddots & \vdots \\ a_{n1} & a_{n2} & \cdots & a_{nn} \end{pmatrix} \begin{pmatrix} x_1 \\ x_2 \\ \vdots \\ x_n \end{pmatrix} = \begin{pmatrix} b_1 \\ b_2 \\ \vdots \\ b_n \end{pmatrix}, \tag{B.18}$$

es decir

$$Ax = b. \tag{B.19}$$

Las demostrasciones de las siguientes afirmaciones se pueden consultar en cualquier texto de álgebra lineal

1. El sistema tiene una solución única $x = A^{-1}b$ si y solamente si $\det A \neq 0$.

2. El sistema homogéneo $Ax = 0$ tiene solamente la solución trivial si y solamente si $\det A \neq 0$.

3. El sistema homogéneo $Ax = 0$ tiene soluciones no triviales si y solamente si $\det A = 0$.

B.3   Valores y vectores propios

Valores propios y vectores propios

En muchas aplicaciones de índole diversa, dada una matriz cuadrada A, se requiere hallar vectores $v \neq 0$ tales que la premultiplicación de la matriz A por el vector v sea equivalente a multiplicar al vector v por un escalar λ, es decir, se buscan v y λ tales que se cumpla la ecuación

$$Av = \lambda v \tag{B.20}$$

Esta identidad motiva la siguiente definición

Definición 11 *Se dice que el escalar λ es un* valor propio [2] *de la matriz A si existe un vector $v \neq 0$ tal que λ y v satisfacen la ecuación (B.20). Al vector v se le denomina* vector propio asociado con el valor propio λ[3].

Una manera de obtener los valores propios de la matriz A es reescribiendo la ecuación (B.20)

$$\lambda v - Av = 0$$
$$(\lambda I - A)v = 0, \tag{B.21}$$

donde I es la matriz identidad. La segunda de las ecuaciones (B.21) se obtuvo factorizando v de la primera y tomando en cuenta que $v = Iv$, y a dicha ecuación se le conoce como *ecuación característica* (en forma vectorial) de la matriz A. El problema de valores propios puede, por lo tanto plantearse como el problema de hallar la solución no trivial de un

---

[2]Con frecuencia se escucha la expresión *eigenvalores*, adaptación del inglés *eigenvalues*, que a su vez proviene del alemán *Eigenwert*, 'valores propios'.

[3]También conocidos como *eigenvectores*.

sistema homogéneo de ecuaciones algebraicas lineales. La condición de que dicha solución existe es que la matriz $\lambda I - A$ sea singular, de otra manera se podría resolver el sistema al premultiplicar ambos miembros de (B.20) por la inversa $(\lambda I - A)^{-1}$, dando como resultado la solución trivial $v = 0$, la cual no resulta admisible para el problema de valores propios. La condición de singularidad equivale a que el determinante del sistema de ecuaciones se anule, es decir

$$\det(\lambda I - A) = 0. \tag{B.22}$$

El lado izquierdo de (B.22) se conoce como *polinomio característico* de la matriz A, puesto que al desarrollarlo el resultado es un polinomio de grado igual al orden n de la matriz. Por el teorema fundamental del álgebra, existen exactamente n raíces del polinomio característico, por lo tanto, la matriz de orden n posee n valores propios, que pueden ser reales o complejos.

Apéndice C

Transformada de Laplace

La naturaleza se ríe de las dificultades de la integración[1]
–PIERRE-SIMON LAPLACE

La transformada de Laplace es una técnica que permite obtener la solución de cierta clase de ecuaciones diferenciales aplicando operaciones algebraicas. El procedimiento consiste en obtener la transformada de ambos miembros de una ecuación diferencial, lo cual produce una expresión más sencilla que se puede manipular y resolver algebraicamente para obtener la transformada de Laplace de la función incógnita. Para obtener la solución se busca una función tal que, al aplicarle la transformación de Laplace, coincida con la transformada obtenida en el paso anterior, esta operación se conoce como *transformación inversa* de Laplace. Para enfatizar la diferencia entre una u otra operación, bastantes autores utilzan el término *transformada directa de Laplace* para referirse a la transformada de Laplace. El valor de la transformada de Laplace radica no solamente en la posibilidad que brinda de resolver ecuaciones diferenciales, sino también en proporcionar información sobre el comportamiento de las soluciones y por lo tanto sobre el comportamiento dinámico de los sistemas físicos que estas representan.

C.1   Transformada de Laplace

La transformada de Laplace de una función es una transformación integral que aplicada a una función $f(t)$ da como resultado

$$\mathcal{L}\left\{f(t)\right\} = \int_0^\infty e^{-st} f(t)\, dt \tag{C.1}$$

La integral impropia (C.1) es una función de la variable compleja s y converge siempre que se cumplan dos condiciones

---

[1]Pierre-Simon Laplace (1749-1827). Astrónomo, físico y matemático francés. Estudió la integral que lleva su nombre en el contexto de problemas de probabilidad.

- La función $f(t)$ es continua, o bien tiene solamente un número finito de discontinuidades y estas son discontinuidades por salto, además, el incremento de la función en cada punto de discontinuidad solamente toma valores finitos.

- La función es de orden exponencial, es decir, existen constantes positivas M, α y t_0 tales que

$$|f(t)| \leq Me^{\alpha t}, \text{ para } t \geq t_0. \tag{C.2}$$

La transformada de Laplace de la función $f(t)$ suele indicarse como $\tilde{f}(s)$, es decir

$$\mathcal{L}\{f(t)\} = \tilde{f}(s). \tag{C.3}$$

Si la derivada $\frac{df(t)}{dt}$ reúne las condiciones de existencia para la transformada de Laplace, entonces la transformada de la derivada puede expresarse de una manera muy simple, si se conocen $\tilde{f}(s) = \mathcal{L}\{f(t)\}$ y $f(0)$, esto es

$$\mathcal{L}\left\{\frac{df(t)}{dt}\right\} = \int_0^\infty e^{-st}\frac{df(t)}{dt}\,dt$$

$$\text{aplicando integración por partes} \tag{C.4}$$

$$= e^{-st}f(t)\big|_{t=0}^\infty + \int_0^\infty se^{-st}f(t)\,dt.$$

La condición (C.2) implica que el primer término tiene el valor $-f(0)$ (el valor de la función $-f(t)$ cuando $t = 0$), mientras que la integral, puesto que el parámetro s no depende de la variable de integración y por lo tanto puede escribirse como un factor fuera del signo de integral, conducen al conocido resultado

$$\mathcal{L}\left\{\frac{df(t)}{dt}\right\} = f(0) + s\int_0^\infty e^{-st}f(t)\,dt$$

$$\mathcal{L}\{f'(t)\} = s\tilde{f}(s) - f(0). \tag{C.5}$$

Aplicando la relación (C.5) a la derivada $f'(t)$ se obtiene la fórmula para la transformada de Laplace de la segunda derivada

$$\mathcal{L}\{f''(t)\} = s\mathcal{L}\left\{\frac{df(t)}{dt}\right\} - f'(0)$$

$$= s\big(s\tilde{f}(s) - f(0)\big) - f'(0) \tag{C.6}$$

$$= s^2\tilde{f}(s) - sf(0) - f'(0).$$

En la ecuación (C.6), $f(0)$ y $f'(0)$ son los respectivos valores numéricos de $f(t)$ y $f'(t)$ cuando $t = 0$. El procedimiento se puede efectuar de manera recurrente y arrroja como resultado

$$\mathcal{L}\left\{\frac{d^n f(t)}{dt^n}\right\} = s^n\tilde{f}(s) - s^{n-1}f(0) - s^{n-2}f'(0) - \cdots - sf^{(n-2)}(0) - f^{(n-1)}(0). \tag{C.7}$$

En la ecuación (C.7), $f^{(k)}(0)$, para $k = 1, 2, \ldots, n-2, n-1$, significa la derivada de orden k, de $f(t)$, es decir $\frac{d^k f(t)}{dt^k}$ evaluado en $t = 0$. Supongamos ahora que la función $f(t)$ tiene transformada de Laplace y además es la derivada de alguna función $\varphi(t)$:

$$\varphi'(t) = f(t), \tag{C.8}$$

esto implica

$$\varphi(t) = \int_0^t f(t)\, dt, \ y \ \varphi(0) = 0. \tag{C.9}$$

Teniendo en mente estas relaciones, la transformada de Laplace de $f(t)$ es

$$\tilde{f}(s) = \mathcal{L}\{f(t)\} = \mathcal{L}\{\varphi'(t)\} = s\tilde{\varphi}(s) - \varphi(0)$$
$$\tilde{\varphi}(s) = \frac{\tilde{f}(s)}{s}, \tag{C.10}$$

esto quiere decir

$$\mathcal{L}\left\{\int_0^t f(t)\, dt\right\} = \frac{1}{s}\mathcal{L}\{f(t)\}. \tag{C.11}$$

La transformada de Laplace de una matriz (o vector) cuyas componentes son funciones, es simplemente la matriz cuyas componentes son las respectivas trasnformadas de Laplace de las componentes.

C.2 Transformada inversa de Laplace

La transformada inversa de Laplace responde al problema de que conociendo a la función $\tilde{f}(s)$ de la variable compleja s, se busca obtener una función $f(t)$ tal que

$$\mathcal{L}\{f(t)\} = \tilde{f}(s). \tag{C.12}$$

La función buscada, $f(t)$, se conoce como la *transformada inversa de Laplace* de $\tilde{f}(s)$, y se le denota como

$$f(t) = \mathcal{L}^{-1}\left\{\tilde{f}(s)\right\}. \tag{C.13}$$

En principio, la transformada inversa de Laplace puede hallar por medio de la fórmula

$$\mathcal{L}^{-1}\left\{\tilde{f}(s)\right\} = \frac{1}{2\pi j}\int_{\gamma-j\beta}^{\gamma+j\beta} e^{st}\tilde{f}(s)\, ds. \tag{C.14}$$

En la integral compleja (C.14), los límites de la trayectoria de integración, la cual es una línea vertical en el plano s, se escogen de la siguiente manera

- γ es mayor que la mayor de las partes reales de todas las singularidades de la función $\tilde{f}(s)$,

- $\beta \to \infty$, es decir, la línea vertical inicia y termina en el punto al infinito.

No obstante la complejidad de hallar la transformada inversa por medio de (C.14), una cantidad importante de aplicaciones prácticas requieren conocer la transformada inversa de funciones para las cuales se han recopilado pares de transformadas directa e inversa.

C.3 Tabla de pares de transformadas de Laplace

Convención: $f(t) = 0$ para $t < 0$; $n = 1, 2, 3, \ldots$; $\tilde{f}(s) = \mathcal{L}\{f(t)\}$					
No.	$f(t)$	$\tilde{f}(s)$	No.	$f(t)$	$\tilde{f}(s)$
1	$\delta(t)$	1	2	1	$\frac{1}{2}$
3	t	$\frac{1}{s^2}$	4	$\frac{t^{n-1}}{(n-1)!}$	$\frac{1}{s^n}$
5	t^n	$\frac{n!}{s^{n+1}}$	6	$e^{-\alpha t}$	$\frac{1}{s+\alpha}$
7	$te^{-\alpha t}$	$\frac{1}{s+\alpha}^n$	8	$\frac{1}{(n-1)!}t^{n-1}e^{-\alpha t}$	$\frac{1}{(s+\alpha)^n}$
9	$t^n e^{-\alpha t}$	$\frac{n!}{(s+\alpha)^{n+1}}$	10	$\operatorname{sen}\beta t$	$\frac{\beta}{s^2+\beta^2}$
11	$\cos\beta t$	$\frac{s}{s^2+\beta^2}$	12	$\operatorname{senh}\beta t$	$\frac{\beta}{s^2-\beta^2}$
13	$\cosh\beta t$	$\frac{s}{s^2-\beta^2}$	14	$\frac{1}{c}(1-e^{-\alpha t})$	$\frac{1}{s(s+\alpha)}$
15	$\frac{1}{\beta-\alpha}(e^{-\alpha t}-e^{-\beta t})$	$\frac{1}{(s+\alpha)(s+\beta)}$	16	$\frac{1}{\beta-\alpha}(\beta e^{-\beta t}-\alpha e^{-\alpha t})$	$\frac{s}{(s+\alpha)(s+\beta)}$
17	$e^{-\alpha t}\cos\beta t$	$\frac{s+\alpha}{(s+\alpha)^2+\beta^2}$	18	$e^{-\alpha t}\operatorname{sen}\beta t$	$\frac{\beta}{(s+\alpha)^2+\beta^2}$
18	$1-\cos\beta t$	$\frac{\beta^2}{s(s^2+\beta^2)}$	19	$\beta t - \operatorname{sen}\beta t$	$\frac{\beta^3}{s^2(s^2+\omega^2)}$
20	$\operatorname{sen}\beta t - \beta t\cos\beta t$	$\frac{2\beta^3}{(s^2+\beta^2)^2}$	21	$\frac{1}{2\beta}t\operatorname{sen}\beta t$	$\frac{s}{(s^2+\omega^2)^2}$
22	$\frac{\beta}{\sqrt{1-\zeta^2}}e^{-\zeta\beta t}\operatorname{sen}\left((\beta\sqrt{1-\zeta^2})t\right)$			$\frac{\beta^2}{s^2+2\zeta\beta s+\beta^2}$	
23	$-\frac{1}{\sqrt{1-\zeta^2}}e^{-\zeta\beta t}\operatorname{sen}\left((\beta\sqrt{1-\zeta^2}-\varphi)t\right)$			$\frac{s}{s^2+2\zeta\beta s+\beta^2}$	
Propiedades importantes					
1	$\mathcal{L}\{\alpha f(t)\} = \alpha\tilde{f}(s)$		2	$\mathcal{L}\{f(t)\pm g(t)\} = \tilde{f}(s)\pm\tilde{g}(s)$	
3	$\mathcal{L}\left\{\frac{d}{dt}f(t)\right\} = s\tilde{f}(s) - f(0)$		4	$\mathcal{L}\left\{\int_0^t f(\tau)\,d\tau\right\} = \frac{1}{s}\tilde{f}(s)$	
5	$\mathcal{L}\left\{\frac{d^2}{dt^2}f(t)\right\} = s^2\tilde{f}(s) - sf(0) - \frac{d}{dt}f(t)\big|_{t=0}$				
6	$\mathcal{L}\left\{\frac{d^n}{dt^n}f(t)\right\} = s^n\tilde{f}(s) - \sum_{k=1}^{n}s^{n-k}\frac{d^{k-1}}{dt^{k-1}}f(t)\Big|_{t=0}$				
7	$\mathcal{L}\{e^{-\alpha t}\} = \tilde{f}(s+\alpha)$		8	$\mathcal{L}\{tf(t)\} = -\frac{d\tilde{f}(s)}{ds}$	
9	$\mathcal{L}\{t^2 f(t)\} = \frac{d}{ds^2}\tilde{f}(s)$		10	$\mathcal{L}\{t^n f(t)\} = (-1)^n\frac{d^n}{ds^n}\tilde{f}(s)$	
11	$\mathcal{L}\left\{\frac{1}{t}f(t)\right\} = \int_t^\infty\tilde{f}(s)\,ds$		12	$\mathcal{L}\left\{f\left(\frac{t}{\alpha}\right)\right\} = \alpha\tilde{f}(\alpha s)$	
13	$\mathcal{L}\{f(t-\alpha)h(t-\alpha)\} = e^{-\alpha s\tilde{f}(s)}$, donde $h(t) = \begin{cases} 0, & \text{si} \quad t<0 \\ 1, & \text{si} \quad t\geq 0 \end{cases}$